一張問卷讓新客變熟客

用改良式「諮詢問卷」，讓回客率達到85%、業績爆增10倍的驚人效果

1枚のアンケート用紙で「新規顧客」が「100回顧客」に変わる!

小林未千——著
Kobayashi Michi
蔡麗蓉——譯

感謝各位讀者購買本書。
大家是不是有業績方面的疑問或煩惱呢？
本書要談的就是這個主題！
過去大家習以為常、老在使用的問卷，
經由接下來的說明後，將轉變成
「助你實現夢想的諮詢問卷」。

只要照著做，就能達成以下目標：

○提升回客率、熟客率

○避免捲入價格戰

○靠口耳相傳增加來客數

○獲取客戶信任度

○強化員工專業度

○留住員工

不但能使「**業績成長**」，

還能藉此「**培育人才**」！

分類	【過去的問卷】	【助你實現夢想的諮詢問卷】
問卷	為了公司而存在	為了客戶而存在
	目的在於蒐集個人資訊	目的是解決客戶的問題，實現其夢想與目標
	問卷上單純編列想得知的資訊	參照客戶心理的行銷架構編列出問卷
作法	由客戶自己填寫	負責人員一邊向客戶提問、一邊完成問卷
推銷手法	透過行銷話術推銷	只「提問」、不推銷
	一視同仁的「標準應對方式」	配合客戶的「個人應對方式」
	強迫購買的感覺強烈，造成客戶遠離	建立信賴關係，讓客戶變熟客
員工教育	缺乏透過問卷教育的觀念	可透過諮詢問卷輕鬆教導業務人員
	業務教育訓練很費時	業務教育訓練不費時
	喪失自信而離職	工作充滿意義並樂在其中

你要做的，就只是：

改變過去的問卷，並正確地運用！

大家或許覺得不可置信，但是到目前為止，
「助你實現夢想的諮詢問卷」已幫助不少人提升業績，
讓客戶開心地購買各公司的商品和服務，
使員工「不必推銷」也能「銷售長紅」。
如果你感到好奇，請馬上翻開內頁參考，
讀完本書後，必定可以解決你的問題。
現在就一起來看看吧！

目錄

第二章

「諮詢銷售」問卷的四大區塊

第三章

成功銷售的技巧與心得

前言

讓「助你實現夢想的諮詢問卷」發揮最佳效力

容許我單刀直入地問，你擅長銷售業務嗎？

我想協助「業務人員」、「業務經理」、「店長」和「經營者」，以及任何需要學習銷售技巧的工作者，幫助大家提升業績。

在這些人當中，我最常遇見的，就是說自己不擅長銷售業務的人。

「我希望簽約件數能增加，但不知道該怎麼做才好。」

「客戶好像不太想和我變成朋友。」

「新客戶老是無法變成熟客。」

「客人偶爾會來店裡，但每次都只消費同樣幾項服務，所以客單價沒有起色。」

這些反應我並不陌生。

另外，我也曾聽說有些人雖然擅長銷售，卻因為無法教導員工而感到煩惱。

請大家放心，現在就有方法可以解決這些問題。

那就是本書所介紹的「助你實現夢想的諮詢問卷」。

讓客戶和自己都能實現夢想

乍看之下，「助你實現夢想的諮詢問卷」和過去使用的問卷調查很類似，但是只要多下點工夫，並且正確使用的話，結果將會截然不同。

以下是曾參加我開設的講座的學員回響：

「本以為問卷不過是用來蒐集資訊罷了。想到過去自己一直在做些白費工夫的問卷，真叫人晴天霹靂，所以我很想馬上嘗試看看。」——補教業者（五十至六十歲）

「過去前輩常囑咐我，要聆聽客戶的聲音，但是我一直不知道該怎麼做才好。現在終於明白具體作法了，我感到很開心。」——業務人員（二十至三十歲）

「老實說，之前銷售業務讓我感到很痛苦，但是自從依照未千老師指導的方式去做，與客戶談話時，我不再手足無措，業績更提升了二五〇%，還榮獲全國第一。」——業務人員（二十至三十歲）

曾有店家將問卷修改之後，僅僅一個月，回客率便從一五%提升到八五．七%，平均客單價也拉高四倍，業績更躍升了十點五倍。

運用「助你實現夢想的諮詢問卷」後，「業務行銷能力」真的就會變好嗎？

並非如此。

日本關西某家沙龍業者活用這份諮詢問卷後，便寫信給我，以下是信件的部分內容：

老實說，一開始並不是相當順利，我提不起勇氣，甚至曾猶豫過（笑），但是如果在面對客戶時，能夠本著實現客戶夢想和希望的堅定心情，不知不覺間，自己的內心反而變充實了。

其實，他害羞的個性並沒有改變，也不是行銷話術有進步，而是**活用這份諮詢問卷後，能真心體認到客戶的夢想和目標，自己也會感到充實，得以投入工作當中。**

讀到這裡，大家覺得如何？

並非行銷話術有進步，而是因為替客戶著想，讓自己工作起來也變得充實，還能業績長紅，這樣不是很好嗎？

而且不僅是客戶，就連自己的夢想也能實現的話，是不是更好呢？

「助你實現夢想的諮詢問卷」就擁有這股力量。

為什麼不擅長溝通卻能業績長紅？

這份諮詢問卷為何具有如此神奇的力量呢？

這與我本身的工作經歷有關係，大抵來說，我曾遭遇過兩大轉機。

高中畢業後沒多久，我就進入某大型企業的分店擔任行政工作。其實原本我想從事的職業是系統工程師，那時報考自己嚮往的公司卻落榜了，即將畢業時，前公司錄用了我。

因為落榜，我曾在摯友面前嚎啕大哭。那時他和我說：「這是第一次看到你真情流露，真開心。」由此可知，我多麼不擅長與人溝通。

從小我就對別人的想法特別敏感，不時擔心「對方可能會這麼想」、「真不希望對方有這種想法」、「要是被對方討厭該怎麼辦」。每次擔心這些事情時，內心就會逐漸封閉起來，無法好好將自己的想法與感覺傳達給對方。

第一次轉機，發生在我踏入社會後的第三年。

當時我對工作已經上手，卻煩惱自己的人生一直這樣下去究竟好不好。

就在這時出現了一個契機，經前輩介紹後，他常去的一家護膚沙龍店的店長問我：「要不要來我們公司工作？」

看到店長熱情地談論夢想的模樣，我覺得如果能和這個人一起工作，人生一定能有所轉變，於是隔天我便帶著履歷上門。

本以為我會成為護膚美容師，邁向嶄新的人生，沒想到竟然是擔任業務人員。因為不擅長溝通，當下我便猶豫該不該辭職，但畢竟是自己不顧周遭反對、決意轉職，後來也就沒臉辭職。

當時別說行銷話術，我連合宜的應答都不會，但在店長嚴格的指導下，心想既然要做的話，就要以必死的決心，努力當上頂尖業務。

或許二十歲出頭、未經世故也有其好處，我徹頭徹尾地學習行銷話術，後來發現自己進步了，在一百名業務人員當中，業績居然經常名列前三。當我達成過去以為做不到、不擅長的事情後，開始有了一些自信。

然而，日復一日達成業績的期間，不安的情緒開始浮現，我思考著自己「真的對客戶有幫助嗎？」「真的能讓客戶開心嗎？」

隨著業績愈來愈好，不安也不斷湧現。甚至某天要開重要的業務會議時，我竟然無法前往公司上班。

許多宣稱不擅長銷售業務的人，包括當時的我，都很在意別人心裡想什麼，過於顧慮對方的情緒。

學會整套行銷話術再進行推銷，這麼一來，即使東西賣得出去，也無法獲得真正的成就感。甚至會讓客戶感覺是「被迫購買」，業務人員則背負「強迫推銷」的壓力。

這時首先要做的，就是好好運用問卷調查，更深入地「聆聽」客戶的聲音。

藉由傾聽，改變過去推銷商品時使用的那套行銷話術，並轉變成以下諮詢銷售模式：**站在客戶的立場思考，而是否需要產品，則由客戶自行選擇與決定**。

所謂的業務人員，並非只是販售商品或服務，而是協助客戶發現自己的問題，讓客戶能下定決心實現夢想和目標。

培育出全國第一的員工

就在此時，出現了另一個轉機。

由於要成立新店面，再加上我對自身的業務能力已充滿信心，於是自薦擔任該店店長。

我底下有三名員工，其中一人大我四歲，但是他樂於輕鬆度日，所以只想當個打工族；另外有個小我兩歲的辣妹，看似無憂無慮，之所以想當護膚美容師是因為「感覺很有趣」；還有一人年僅十九歲，因為不喜歡當業務，所以從大型護膚公司轉職過來。

在這種情形下，店裡的業績毫無起色……。每回開店長會議時，我總被社長責罵，使得頭上出現五百日圓大小的圓形禿。

不久，社長指示我將所有員工辭退，改換一批新人。我覺得自己實在太窩囊了，所以下定決心要培養這三名員工。

我每天持續和某個員工用餐，一邊談論夢想，後來員工對工作投入的程度也逐漸起了變化。

儘管他們有心投入，卻無法如願將商品推銷出去，因而喪失自信，再度陷入士氣低落的惡性循環。公司已經傳授了基本的行銷話術，員工們也都學會了，既然如此，為什麼他們無法拿出自信接待客戶呢？為什麼士氣無法維持呢？當時我真的非常煩惱。

檢討過後，我將重點聚焦在過去常用的問卷上。

我細心指導員工，有關問卷的目的、效果，以及具體的提問方式；請他們忘掉所有的行銷話術，在接待客人時，盡力做到打開客戶的心房，並讓客戶發現自己疏忽的問題點。

問卷完成後，再請員工向我報告，藉此確認提案內容是否能符合該客戶的狀況，接著再進行銷售。

改變指導方式兩個月後，原本只想「輕鬆打工」的那名員工，他的業績竟然躍升至全國第一。其他員工也陸續跟進，後來這三個員工的業績經常名列前幾名。

我們這家店規模很小，美容床數量也是全國最少，能在一年內持續達成第一名的業績，與全體員工充滿自信息息相關。

而且這段期間也讓我學到一件很重要的事，那就是「**任何人都有可能改變**」！

多虧這三名員工，才有現在的我，真的令我由衷感謝。

涵蓋重要業務技巧的諮詢問卷

當我負責的第一家店的成果得到認同後，便被委派負責展店、業務教育及加盟店經營指導等工作。後來還被獵人頭公司挖角，到新公司擔任經營企畫室長。

二〇〇七年，我獨立創業，針對護膚沙龍、化妝品公司、美容院、牙科診所、健身房等需要實際面對客人的行業，輔導它們如何提升業績，事實上也頗具成效。

其中逐步進化的，就是「助你實現夢想的諮詢問卷」。這份問卷彙集了我在從事業務工作時的成功經驗，以及培養員工、業務輔導的所有技巧。

每當別人問我：「現在你擅長溝通了嗎？」很遺憾，答案仍是否定的，我依然無法在交流場合或派對中如魚得水，一點兒都沒有上手的感覺。

不過，運用這份問卷後，我開始能幫助客戶發現自己的問題點，促使他們付諸行動、實現夢想了。

我的顧問公司得以持續經營，正是因為落實了這份問卷的基本概念。

這世上所販售的商品或服務，絕大多數都算是品質優異。

即使是具有效果、能讓人獲得幸福的商品，也會因為行銷技巧不恰當，使得客戶產生疑慮與不安。若因此讓客戶喪失良機的話，是相當可惜的一件事。我希望幫助整個社會消除這種「不安」。

雖然不擅長推銷，但或許能努力實現客戶的夢想——如果你有這種想法的話，「助你實現夢想的諮詢問卷」必定能助你一臂之力。

我由衷希望懷抱這種想法的人，可以透過運用這份問卷，從中獲得自信，並且實現夢想。

第一章

想讓新客變熟客必學的「諮詢銷售法」

當今這個年代，不管是商品或服務，甚至宣傳這些商品或服務的資訊皆無所不在。客戶很難自行選擇適合自己的東西，因此深受「量身配套式消費」所吸引，會購買值得信任的專家所推薦的物品。

在這樣的背景下，業務人員必須具備的能力，不再是從前的「銷售能力」，也就是透過行銷術語及展示技巧來推銷。

取而代之的，是需要確切理解客戶的問題與夢想，並向客戶提出最適當方案的「諮詢能力」。說明「助你實現夢想的諮詢問卷」之前，第一章先來談談這種「諮詢能力」與「諮詢銷售」。

這也是將「助你實現夢想的諮詢問卷」之效果，發揮至最大極限的基本概念。現在就從這點開始切入吧！

客戶無法自行選擇的時代來臨

前陣子去選購冰箱時，著實令我嚇了一跳，因為家電量販店的冰箱展示區實在好大，裡頭擺放了各種廠牌、大小不一的冰箱，而且超過一百臺以上。

我們家只有我和先生兩個人，大多會利用週末一口氣買齊食材，所以需要約四百公升左右的冰箱。然而，想買這種尺寸的消費者似乎很多，冰箱的種類也最豐富，叫人不知該如何選擇，害我在店內愣住了好一段時間。

每一臺冰箱上都貼了張紙，標示著可用來比較的資訊，例如：容量、尺寸、消耗電力、冷凍庫位置（似乎很流行設置於正中央）、開門方向、有無自動製冰機、顏色種類、其他商品特色等。

消耗電力當然愈少愈好，只是消耗電力少也就會出現價格較高的傾向。這樣一來，便不得不使用手機的計算機來計算，假設十年會更換新機的話，整體來說，哪一種冰箱比較划算……。

而且每種新產品都具有難以取捨的商品特色，雖然只有一些差異，不過光是這樣就令人傷透腦筋。

結果我猶豫了約莫兩個小時後，發現「其實冰箱只要能夠貯藏食物，可以製冰便足夠了，剩下的只需要考慮性價比的問題」，才終於下手購買。

不過，現在有時還是不免質疑，當時或許購買另一個機種會比較好……。

就像這樣，現在這個年代不但物品泛濫，服務也是一樣；還有其相關資訊，也同樣泛濫。想要自己一個人挑選物品與服務，實在難如登天。

正因如此，才會有愈來愈多人追求簡單的生活方式，探討「更少量且更優質」主題的書籍，似乎本本大賣。

雖然想實踐「更少量且更優質」的生活，卻愈來愈難自己一個人作選擇。

事實不正是如此嗎？

由於物品與服務，乃至相關資訊都十分泛濫，即使只是挑選一種化妝品，也得花上大把時間。這樣倒不如大量購買，更能節省時間。

那麼，大家該怎麼做才好呢？

全靠「綜合型購物網站」嗎？還是聽從口耳相傳的資訊，或參閱雜誌報導？以上是很多人會選擇的方法。

若是直接詢問使用者本人，或許還值得相信，但也無法確定商品是否適合自己。如果是網路上流傳的使用心得，難保負面消息不會被省略……。

因此，向專家諮詢、請求協助挑選商品的人，才會一直增加。這便稱作「量身配套式消費」。

量身配套式消費的興起

在北海道有家岩田書店，店內最熱門的服務就是「一萬日圓選書」，這項服務始於二〇〇七年。

書店所在地「砂川市」，人口不到一萬八千人，書店老闆岩田徹先生不辭勞苦地長年經營書店。

這項服務是從他與高中學長們上居酒屋喝酒時，有人遞給他一萬日圓鈔票，委請他「用這筆錢挑選適合他們閱讀的書」而開始。

岩田先生挑選的書大獲好評，口耳相傳後，瞬間散布開來，後來甚至被電視披露，於是來洽詢的客人便一口氣增加。

截至二〇一五年三月底前，共收到六百六十六件申請書，很快就停止受理了。

服務內容如下：一開始由申請人填寫問卷，調查當事人的生活型態與閱讀經歷。接下來會以郵件進行討論，再依調查結果，寄送適合申請人、但可能不會自行購買的書，而書的總價相當於一萬日圓。

大家會想試看看嗎？我很想嘗試，因為似乎會對自己有更多的了解與發現。

另外，服飾銷售也有「量身配套式消費」，在日本，名為「airClostet」的服務，訂單正蜂擁而至。

這是一項每個月可提供約七千日圓的服飾出租服務，由專業造型師協助選配三項時尚單品，再寄送給客戶，而且歸還時不需要清洗，如果喜歡的話也能購買。

自己無法選擇，卻希望商品數量精簡、物品優質，這類型的消費者正與日俱增。

如此一來，有能力從大量商品中，為客戶挑選最適合商品的專家，其價值今後將水漲船高。

量身配套式消費的關鍵方法

無論具備怎樣的能力或品味，倘若不了解客戶的話，就無法為他們挑選最適合的商品。

而了解客戶最關鍵的方法，就是透過「諮詢」。

充分聽取客戶的問題與煩惱，甚至是夢想或目標，然後針對這幾點，透過專業的知識、服務、技術、商品等，協助客戶解決問題或實現目標。這種行銷手法，我們稱作「諮詢銷售」（圖一）。

我在輔導他人時，會前往各家沙龍或店家進行神祕客調查。這時我最常遇到的情形，就是不聽我闡述問題或夢想，便單刀直入地講解專業技術或服務。

就算對方猛然告訴我「他們有多厲害」，還是會讓人感到「敗興」，但是這種人真的很多。

因為客戶無法選擇，所以才會來聽取專家的意見。而且**他們想要的，不是物品或服務，而是解決問題及實現夢想。**

因此，一開始必須仔細聆聽客戶的問題與煩惱，以及夢想與目標才行。

例如，我眼前的煩惱，就是沒有固定的美容院。

「我適合什麼髮型？」

「我的髮質應該如何保養？」

「有沒有方法可以在家輕鬆保養？」

圖一　何謂「諮詢銷售」？

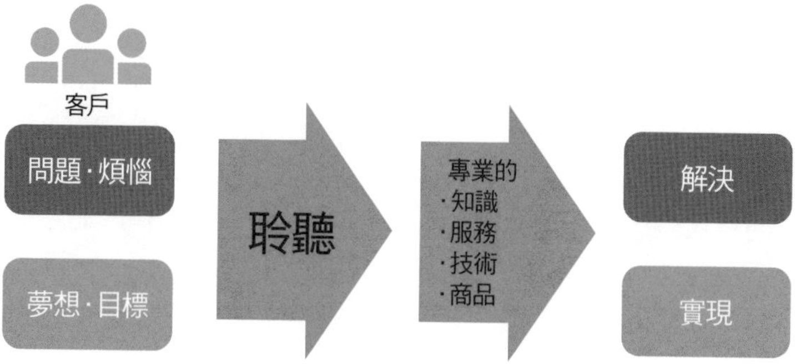

我心裡有這些疑問，但是住家附近卻沒有能讓我諮詢的美容院。

如果有一家美容院能夠細心聽取我的生活模式、服裝愛好、頭髮問題，並且向我提出「染這種顏色比較好」，或是「有適合你的髮質使用的保養產品」等建議，又會如何呢？

這時應該會覺得「終於找到理想的美容院了」，進而變成熟客吧！

若能細心聽取客戶的煩惱與夢想，提出適合對方的專業建言，客戶就會感到滿意，並多次來店消費，甚至成為熟客。

讓人與業績一起提升的連鎖效應

只要實踐「諮詢銷售」，就能提升兩個目標：「人」與「業績」。這裡所指的「人」，包括客戶和員工。

這兩個目標會出現連鎖效應，然後一同提升。只要人員提升了，業績就會拉升，業績拉升，人員自然會提升，進而產生良好的循環（圖二）。

人員提升

首先，來看看「人員提升」這部分，一共會出現四點效果：

①建立信賴關係

「諮詢銷售」的基礎，就是耐心聆聽客戶說什麼。相較於其他業務手法，這麼做，更能壓倒性地加深與客戶之間的信賴關係。

如果能建立良好的關係，客戶就會想要全盤委託你處理。

「有關美容與健康的事情，我全都交給你了。」

「珠寶方面的事，全部都要麻煩○○小姐囉！」

客戶將會像這樣交待你。

圖二　「諮詢銷售」可提升「人」與「業績」

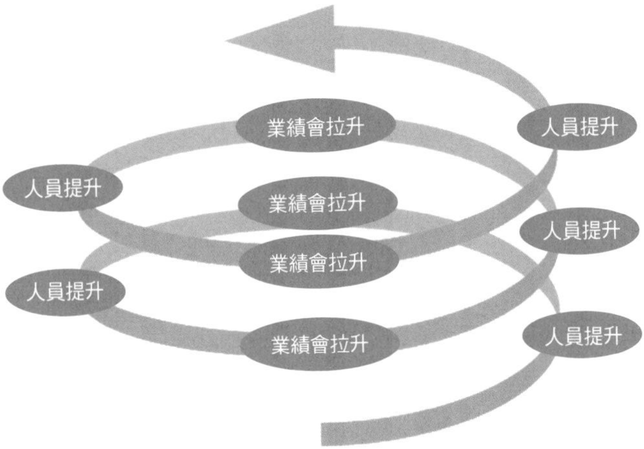

②晉升到感謝、感激、感動的階段

大家聽說過「客戶滿意度五階段」這個名詞嗎？

最差的階段是「後悔」，也就是「不會再來店光顧」的程度。

第二階段是「接受」，感覺「現階段的消費金額，大概只能達到這等程度」。

第三階段是「滿意」，是「以這種金額來看，這樣的服務算是回本了」的程度。

第四階段是「感謝」，是讓客戶想道謝，覺得「幸好有這麼好的產品」的程度。

最理想的階段是「感激與感動」，正是「感動到眼淚都流出來」的程度。

這五個階段中，能讓客戶願意變成熟客，通常只有第四與第五階段。如果想達成目標，最好的方法就是「諮詢銷售」，也就是徹底地聽取客戶的問題，然後再提供商品與服務。

順便一提，引發最多客訴的，其實是感到「滿意」的第三階段；正是期待與結果正好取得平衡的程度，所以只要稍微偏向負面印象，馬上就會形成客訴。

處於「滿意」階段的客戶位在「危險地帶」，最好盡快將他們提升到「感謝」

的階段，此時「諮詢銷售」也能見效。

③專業度提高

徹頭徹尾地聽取客戶的問題，再建議最適當的商品，所以員工的商品知識及案例也變得豐富，也就是專業度會提高。

如此一來，不只有員工專業度提高，就連接受建議的客戶，他的專業度也跟著提高。如同每次前往常去的餐廳，聽取侍酒師講解紅酒後，不知不覺間便精通紅酒，也就不會想「出軌」去無法學到知識的其他店家了。

④留住員工

許多經營者都會向我反應：「員工做不久便離職，實在叫人傷腦筋」。

只要實踐「諮詢銷售」，不但員工本身的專業度會提高，就連客戶也感到開心，進而使員工找到工作價值，離職率因此大幅下降。而資深員工增加後，教育成果就會提升，更能培育出人才。

業績拉升

接著來看看「業績提升」的部分，這部分也能看出三點效果：

①避免捲入價格戰

若有相同的商品或服務，哪怕少一塊錢也好，消費者都想盡量買到最便宜的商品。相信不少人都曾經上比價網站，拚命搜尋最便宜的賣家吧。

當然我也會四處搜尋，但也不時因為過度搜尋導致筋疲力盡，最後什麼都沒買成。這時候就會令人不禁想大叫：「煩死了，誰來幫我挑選最適合的商品！」

在這種情形下，倘若店家只是事不關己地提供商品或服務，肯定會被捲入價格戰之中。

透過「諮詢銷售」可徹底探聽每一位客戶的問題為何，所提供的商品或服務，便具有專為該名客戶而存在的「附加價值」。

如果客戶感到滿意，認為店家「提供了適合自己的商品」，就能以恰當的價格，或是特殊價格販售給對方。

②提升回客率與熟客率

招攬新客戶，不但耗費成本又花時間。**想要穩定地提升業績，關鍵在於如何讓曾經光顧的客戶再度來店（提升回客率），以及如何讓客戶回頭消費三次、十次，甚至一百次（提升熟客率）**。

回客率、熟客率與平均客單價會呈正比大幅增長。

舉例來說，招攬到一百名新客時的穩定營業額，當如圖三所示，回客率為二〇％時，回客數便是二十人。

圖三　招攬到一百名新客時的穩定營業額

新客	回客率	回客數	熟客率	熟客數	客單價	穩定業績
100 人	20%	20 人	20%	4 人	5,000 元	20,000 元
	50%	50 人	50%	25 人	10,000 元	250,000 元
	80%	80 人	80%	64 人	20,000 元	1,280,000 元

假設這二十人的熟客率也是二〇％，熟客數則為四人。如果以客單價五千元計算，穩定營業額就會達到兩萬元。未來可預估的穩定業績，更會出現兩萬至一百二十八萬元的龐大差距。

「諮詢銷售」這種業務手法可獲得客戶的信賴，因此，最終回客率、熟客率、平均客單價會全部提升，穩定業績也能確實增長。

③口耳相傳增加來客數

在「諮詢銷售」的過程中，客戶會認識到自己的問題和課題，獲得正確知識後，自行決定使用的商品或服務，最後實現夢想與願望。

人在獲得新知識，或是在腦海裡描繪實現夢想與願望的藍圖時，內心會受到觸動。心有所感，就會想要告訴其他人。

譬如，看電視節目發現「原本不知道的常識，恍然大悟而深受感動」時，就會想講給其他人聽。

像我也常一臉開心且志得意滿地說給我先生聽，他雖然會耐心地聽我說完，但接著就會說：「這件事好像昨天電視上有提過吧？而且我們還是一起看的……」然後我會回他：「有嗎？是這樣嗎？哈哈哈！」而且這種事一再發生。

心生「感動」，就會「口耳相傳」。

「諮詢銷售」會帶給客戶「感動」，所以肯定能透過口耳相傳，使客戶增加。

有位皮拉提斯的教練，在參加完我的講座後，開心地向我回報：

我將在講座上學到的知識，逐步運用到工作當中，後來竟出現驚人的變化。兩個月後，我的客戶人數是過去平日的兩倍，扣除遠道而來的客人，回客率達到了百分之百！

日後在表達用語上，我要更加絞盡腦汁，好好完成這份「諮詢問卷」。只要認真看待「諮詢問卷」，業績一定會有所進展，所以讓我十分期待，不知道接下來將獲得什麼樣的成果！

正如同我到目前為止的觀察，「諮詢銷售」正是實現客戶與員工的夢想，以及實現不斷愛人與被愛之銷售理念的方法。

讓業績長紅的「諮詢銷售」四步驟

「諮詢銷售」的過程，大致上可分成四個步驟：

①打開心房的過程
②加以引導意識問題所在
③想像利益與可能性
④展開（成交）

首先最重要的步驟，就是讓對方覺得「這個人說的話聽聽也無妨」（①打開心房的過程）。

接下來繼續提問，使對方可以明確聯想到自己的問題和夢想。通常客戶無法明確描繪問題和夢想，因此需要協助客戶發現，他們才會衍生想要解決的願望（②加以引導意識問題所在）。

然後，才能開始讓客戶注意到你的商品或服務（③想像利益與可能性）。

不過，很多人似乎都會從向對方說明「想像利益與可能性」這點切入。

比方在異業合作交流會或研討會後的交誼場合中，交換名片的同時，總會有人突如其來地推銷自己：「我具備○○方面的能力」、「我出過關於△△的書」，一般人往往會興致全失。因為聽者明明還不感興趣，說者卻自顧自地解說起來。

正確步驟應該是先打開對方的心房，讓他處於聆聽的模式；等到能夠理解對方的問題後，再提供問題解決後的願景。

接下來，才能往販售或簽約的步驟前進（④展開）。這個階段一般稱作「成交」，但我認為接下來才是真正與客戶來往的開始，因此稱之為「展開」。

商品「賣不出去」與「賣得出去」的人差別在哪？

商品「賣不出去」與「賣得出去」的人，其差別可用簡單明瞭的方式來呈現，正如圖四所示，差異一目了然。賣不出去的人，曲線只有一個彎就結束了，反觀賣得出去的人，曲線就會出現好幾個彎。

為什麼會出現這種差異呢？

先來探討「賣不出去的人」的特性，這些人會忽視「打開心房的過程」，以及「加以引導意識問題所在」

圖四　「賣不出去的人」與「賣得出去的人」的比較圖

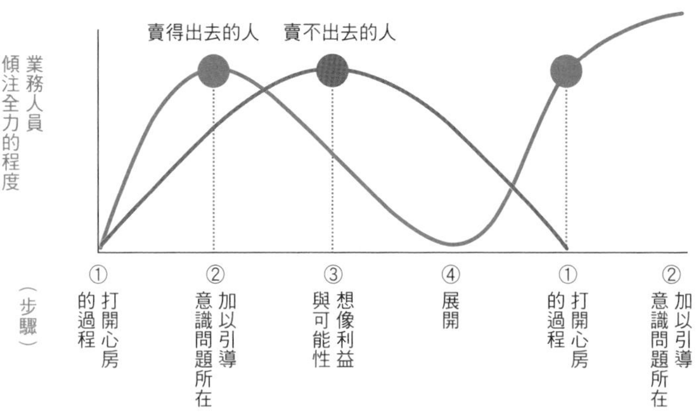

的步驟，直接傾注全力在「想像利益與可能性」的步驟，也就是「推銷」。

這樣一來，客戶就會呈現「興致全失」的狀態，很難達到成交階段（圖表標示為「展開」）。

無法成交時，也會以為「客戶可能對公司的商品不感興趣」，因而放棄銷售，即使銷售出去了，恐怕也不會進行後續追蹤。

無論有沒有賣出去，日後都無法繼續「展開」。

反觀「賣得出去的人」傾注全力之處，便截然不同。

首先，他會在「打開心房的過程」拚命努力，同時用心於「加以引導意識問題所在」。

當客戶的問題意識變得明確之後，喚起「想像利益與可能性」的這個步驟，就能用必要的幾句話（更少量且更優質），精確地完成。

客戶會明白問題能被解決，自然願意接納可協助解決的「你」及「你的商品」，所以就能順利成交。

此外，還能建立你與客戶的信賴關係，所以可以順利移轉至後續追蹤，連結到接下來的銷售行為。

承前所述，我將「成交」稱作「展開」，只要參閱圖四，就能明白如此稱呼的意義。也就是說，**「成交」這個步驟，正是針對同一位客戶，展開下一段銷售過程的出發點。**

誠如大家所知，開發新客戶需要耗費的成本，遠比銷售給現有客戶的成本要來得多。

將簽約視為成交，或是看作通往後續追蹤（回頭購買）的展開，這種觀念的落差非常大。

為什麼無法擺脫「賣不出商品」的標籤？

為什麼有些業務人員總是很難成功銷售？

原因非常單純，因為他的意識與技術這兩方面皆有所不足。

在意識方面，這些人對於銷售具有強烈的自卑意識，總是缺乏自信。另外在技術方面，則是忽略傾聽、自顧自地說話，而且沒有抓住客戶說話的重點。

在這種狀態下，將導致客戶充滿不安與不信任感等負面情緒，以至於無法引導客戶購買。由於賣不出去，自卑意識便日益高漲，陷入喪失自信的惡性循環當中。

這麼說來，是不是改變意識就行了呢？

曾經投入人才培育的工作者應該都知道，改變意識是相當困難的一件事。不擅長業務的人，無論你如何對他解釋「當業務人員很快樂」，他也完全無法體會這種感覺。

但是讓這些人改變行動方式，進而展現成果，反倒沒那麼困難。

當然要全面性地提升技巧是有難度的，但賣不出商品的人最大的缺陷，就是沒有做到「傾聽」這件事而已。

既然如此，只要讓他開始使用有助於「傾聽」的工具即可。而這個工具，就是「助你實現夢想的諮詢問卷」。

愈資深的人，愈難「傾聽客戶心聲」

我想再次請教各位，「傾聽」是不是很困難呢？

事實上相當困難。

在某場研討會上，我曾向與會者提問：「大家擅長傾聽嗎？」結果有位學員回答我：「年紀愈大愈不懂得傾聽。」就像這樣，愈資深的人，愈容易出現無法仔細聆聽的傾向。

我還記得一件事。當我二十歲投身護膚產業，第一次當業務時，因為不具備任何知識，所以能夠做的只有聆聽及提出看法。幸好當時我非常誠懇地傾聽，使得簽約率達到七〇至八九％的好成績。

然而三個月過後，我具備了相當程度的知識，再加上銷售成績亮眼的關係，因此完全忘記初衷，不再細心聆聽客戶的話，便開始進行說明。

結果有陣子商品一直賣不出去，甚至取消合約的客戶人數也增加了。

比起如同白紙的新手，對商品知識一知半解的業務人員，更難做到「傾聽」這件事，所以才會無法成功銷售。

將「諮詢銷售」四大步驟化為問卷

上一節提到「傾聽」的重要性，那麼究竟該怎麼做，業務人員才能簡單地做到這件事呢？

請大家回想一下學習騎腳踏車時的情景，多數人應該都會裝上輔助輪吧。如果突然拆掉輔助輪，大部分的人都會摔倒。只要有過幾次摔車的慘痛經驗，應該就會心生放棄的念頭，並想著「學不會就算了」。

一開始安裝輔助輪無傷大雅，了解騎腳踏車的樂趣才是重點所在。等到你樂在其中後，就會想要騎得更快、更無拘無束，於是自然會想拆掉輔助輪。

因此，請將「助你實現夢想的諮詢問卷」想像成輔助輪，它就是用來協助不擅長銷售業務的人（不過學會之後，也不需要拆掉它）。

這份問卷是將前文所述的諮詢銷售四大步驟（①打開心房的過程、②加以引導意識問題所在、③想像利益與可能性、④展開（成交））落實在一張問卷裡。也就是將「銷售架構」直接轉化成提問表單。

只要依照諮詢問卷的方式提問，其實不會意識到這四個步驟，而是自然而然地進行。

員工使用這份問卷後就能擁有自信，安心聆聽客戶說話。而自信與安心感同樣會傳達到客戶身上，所以東西就能賣得出去。如此一來，員工將會更有自信、更樂於銷售。

假使少了這份諮詢問卷，就像還無法獨自騎腳踏車的人，卻在缺少輔助輪的狀態下騎車一樣，會一再出現賣不出去的情形。不久內心也會受挫，認為「自己不適合銷售業務」。

藉由這份問卷，能幫助大家明白銷售業務的樂趣，進一步以銷售人員之姿「獨立」面對客戶。

大家是不是對「助你實現夢想的諮詢問卷」的實際內容，開始感興趣了呢？

下一章就讓我們具體一窺這份問卷的真面目吧！

第二章

「諮詢銷售」問卷的四大區塊

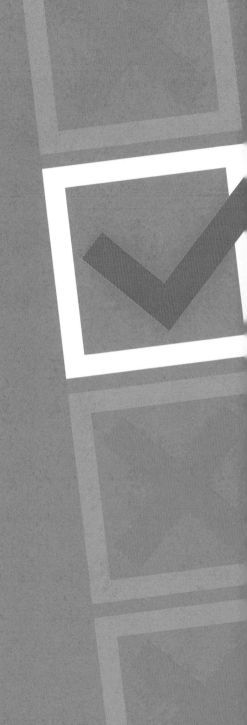

客戶都不喜歡被強行推銷。相反地，倘若是為了擁有光明的未來，就會不惜付出金錢。

優秀的業務人員不會進行推銷，而是藉由讓客戶想像美好的未來遠景，來提高簽約率。

大家是否認為：想讓自己成為優秀的業務人員，或者將員工培養成優秀的業務人員，不但需要投入金錢，還需要花費時間？

事實上，只要備妥落實優秀業務人員行動的「助你實現夢想的諮詢問卷」，就能省時省力地培養出優秀的業務人員，並提升店鋪或公司的業績。

本章將針對諮詢問卷的具體內容，為大家說明。

「助你實現夢想的諮詢問卷」

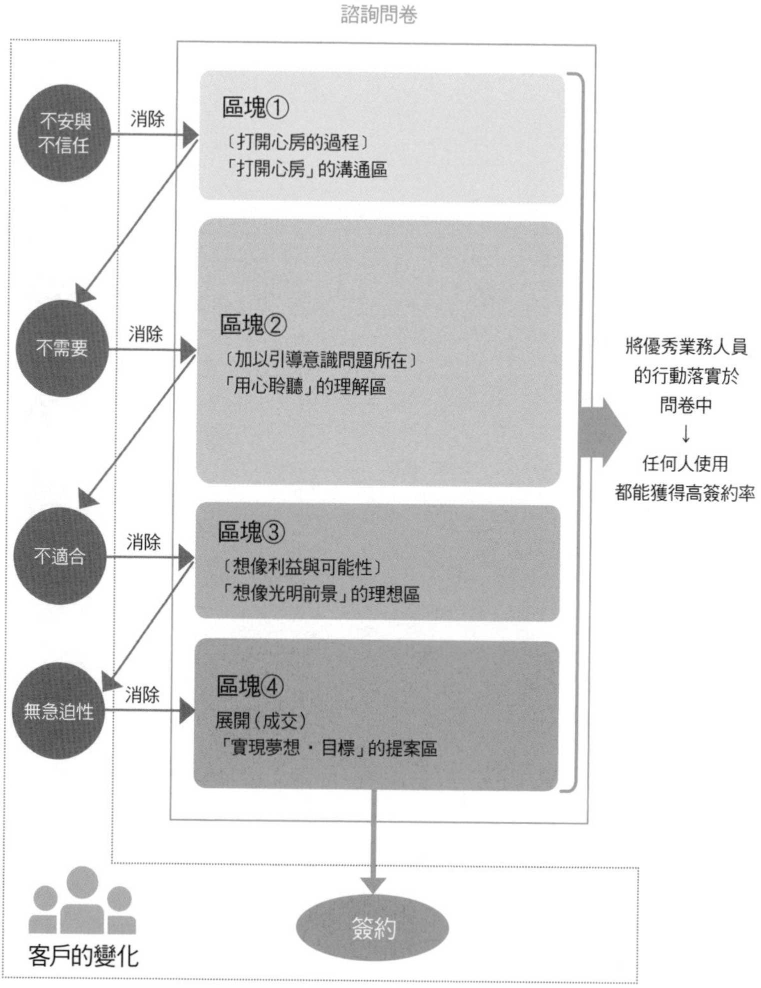

掌握好工具，就能提升銷售技巧

你能煮得一手好菜嗎？

相信有人會回答：「我會！」但也有人會說：「我對料理不太在行」現在就來傳授不擅長料理的人，不需要烹飪技巧也能做出美味料理的方法吧！

雖然這麼說，但並不是多厲害的祕訣。其實只要先到成城石井、QUEEN'S伊勢丹或紀之國屋等高級超市，購買「好的食材」，再使用專業料理人推薦的烹調器具（例如鋒利的菜刀或壓力鍋），任誰都能端出美味料理。

大家是不是覺得被耍了呢？其實，銷售業務可說是完全相同的道理。

「好的食材」等同「商品和服務」，「好的工具」相當於「銷售工具」，另外，「烹調技術」則好比「銷售技巧」，簡單整理如下：

◎好的食材——商品和服務

◎好的工具——銷售工具

◎烹調技術——銷售技巧

對於在店鋪從事銷售業務的人而言，首要之務就是鑽研商品或服務的相關知識及技術，否則無法提出客戶最需要的專業建議。可是全力鑽研商品和服務的相關知識後，就沒有時間可以磨練銷售技巧。而且愈是投入的人，通常愈有不喜歡銷售業務的傾向。

只是這樣看來，料理當中所謂「好的食材」，也就是「商品和服務」這部分，可說已經準備就緒了。

如果是這樣的話，接下來只需要「好的工具」就能進行銷售業務，也就是能「賣得出去」了。而這個「好的工具」，正是「助你實現夢想的諮詢問卷」。

過去的諮詢問卷

誠心感謝您今日光臨　　　　　　。
本日由具備國家證照的
來為您提供「針灸」的美容諮詢建議。
若有任何不清楚或疑惑之處，請隨時告知我們。
此外，如果想預約下次的服務，期盼您能告知方便的時間。
現在請您放鬆心情，好好體驗本日的針灸療程。

諮詢問卷

201　　年　　月　　日（　　）
得知本店的途徑：　　　　介紹人（　　　　）

姓名：
出生年月日：19　　年　月　　日（　　歲）
電話：
職業：
住址：　　　－
電子信箱：

※您是否願意收到感謝信函、本店最新資訊等資料呢？　【 YES ／ NO 】

↓下述內容無需填寫。

～下述內容由針灸師填寫。～

【客戶在意的地方】

（舌頭）

【MEMO】
- 睫毛嫁接　Yes／No
- 隱形眼鏡　Yes／No
- 針　Yes／No
- 灸　Yes／No

【針灸內容】

（居家護膚方法）

（脈搏）
（穴道）

下次預約時間　　月　　日　　～
郵寄照片　Yes／No（　　　　　）
NO　　　　　　C　　　／

「助你實現夢想的諮詢問卷」

諮詢問卷

■ 誠心感謝您的來店。本沙龍十分重視每一位客人的意見，以期達到最大成效，請放心由我們來為您服務。麻煩您協助回答下述問題。

填寫日期　20　　年　　月　　日　負責人：

區塊①

姓名：　　血型：　　出生年月日：19　　年　　月　　日（　　）歲

住址：　　話：

電子信箱：

職業：上班族、公務員、護理師、針灸師、美容師、治療師、教師、模特兒、藝人、媒體人、自營業主、兼職人員、家庭主婦、其他（　　）

興趣：旅行、運動、電影、閱讀、音樂、料理（　　）

得知本店的途徑：朋友介紹（介紹人：　　）、雜誌（　　）、TV、HP、SNS、其他（　　）

區塊②

■ 美容方面

在意的問題？　□斑點　□乾燥　□皺紋　□鬆弛　□法令紋　□黯沉　□泛紅　□毛孔　□面皰　□其他（　　）

在意的部位？　□臉部整體　□臉頰　□下巴　□眼周　□鼻子　□額頭　□頸部　□其他（　　）

過去曾接受專家護膚保養以改善在意之處嗎？　□YES　□NO

・勾選 YES 的人請回答在何處接受過護膚保養療程。　□整型外科（肉毒桿菌、玻尿酸、雷射光療、　　）
□美容護膚　□美容針灸　□針灸治療　□其他　　）

・到店頻率與護膚花費金額？（1 個月　　次 / 共　　次）□金額（　　）

・接受專家護膚保養後感到滿意之處？（　　）

・接受專家護膚保養後感到不滿意之處？（　　）

正在使用的化妝品品牌？　基礎保養品（　　）彩妝品（　　）

花費在美容上的時間與費用？　早上（　　）分鐘　晚上（　　）分鐘　1 個月的化妝品費用（　　）

■ 健康、生活型態方面

□容易疲勞　□生理痛（重度、輕度、無）　・睡眠（規律、不規律）　・每日步行時間（　　）分
□早上爬不起來　□生理週期（規則、不規則）　・睡眠時間（　：　～　：　）　・定期運動（有、沒有）
□畏冷（手、腳）　□懷孕中　・入睡情形（良好、不佳）　（　　）
□經常焦燥不安　□排便（　　日　　次）　・睡眠（深、淺）　・（站著工作、坐著工作）
□容易感到壓力　□排尿（ 1 日　　次）　・作夢（經常、偶而、從不）　・PC 作業　1 天（　　）小時
□腸胃不佳　□腰痛　・上班時間（規則、不規則）

區塊③

■ ○○○○方法

・是否了解會因為臉部肌肉僵硬的關係，……（YES・NO）
・是否了解為什麼會發生從肌膚內側造成……呢？（YES・NO）
・您有自信可以做到符合您目前個人肌膚……嗎？（YES・NO）

■ 目標、理想的肌膚：3 個月後、6 個月後、1 年後……您希望肌膚呈現怎樣的狀態呢？

■ 目的：實現目標、理想的肌膚狀態後，您認為會出現哪些優點呢？

區塊④

■ 肌膚診斷

■ 護膚內容、護膚計畫

■ 舌頭診斷

■ 脈搏診斷

■ 針灸

【Memo】
・針　YES・NO　・睫毛嫁接　YES・NO
・灸　YES・NO　・隱形眼鏡　YES・NO

■ 後續追蹤
・電子郵件：YES・NO　（　　）
・3 天後：　〃　　：　～　：

諮詢問卷蘊藏的四大祕密區塊

前幾頁列舉了過去使用的諮詢問卷，以及目前正在使用的諮詢問卷，大家看出差異了嗎？

乍看之下，大家應該可以看出，過去的諮詢問卷留白部分較多，而左頁「助你實現夢想的諮詢問卷」則是塞滿了文字。

這是因為「助你實現夢想的諮詢問卷」選擇項目多，讓客戶無須填寫，只需打勾即可。

「原來如此，只要勾選就行了，所以大家都會願意回答。」有人可能會這麼想。

沒錯！答對一半了。

但不僅如此而已。

請大家再次仔細觀察一下問卷。雖然我沒有列出實際的問卷，但上頭標示著區塊①至區塊④。

這四個區塊，大家是否聯想到什麼了呢？沒錯，正好與「諮詢銷售四大步驟」互相呼應。

在第一章已經說明，「助你實現夢想的諮詢問卷」就是將「諮詢銷售四大步驟落實在一張問卷裡」。這四個區塊，分別對應到「諮詢銷售四大步驟」。

區塊①是溝通區——對應「打開心房的過程」此一步驟。

區塊②是理解區——對應「加以引導意識問題所在」此一步驟。

區塊③是理想區——對應「想像利益與可能性」此一步驟。

區塊④是提案區——對應「展開（成交）」此一步驟。

幫助客戶往自己的夢想踏出一步

問卷內容只有一頁，尺寸大小為Ａ４，假使問題數量或選擇項目繁多，也可使用Ａ３的紙張，**重點是必須限制在一頁內。**

為什麼要限制在一頁呢？

因為將區塊②至區塊④集中在一頁的話，才方便客戶朝向自己的夢想邁出第一步（圖五）。

區塊②是詢問客戶現狀的區塊，也就是說，只要參考區塊②，客戶就能理解自己當下的問題及課題。

同理可證，只要參閱區塊③，客戶就能釐清自己理想中的未來遠景。

從現狀到達理想的步驟，即是彙整於區塊④的內容。

圖五 「諮詢銷售」的步驟

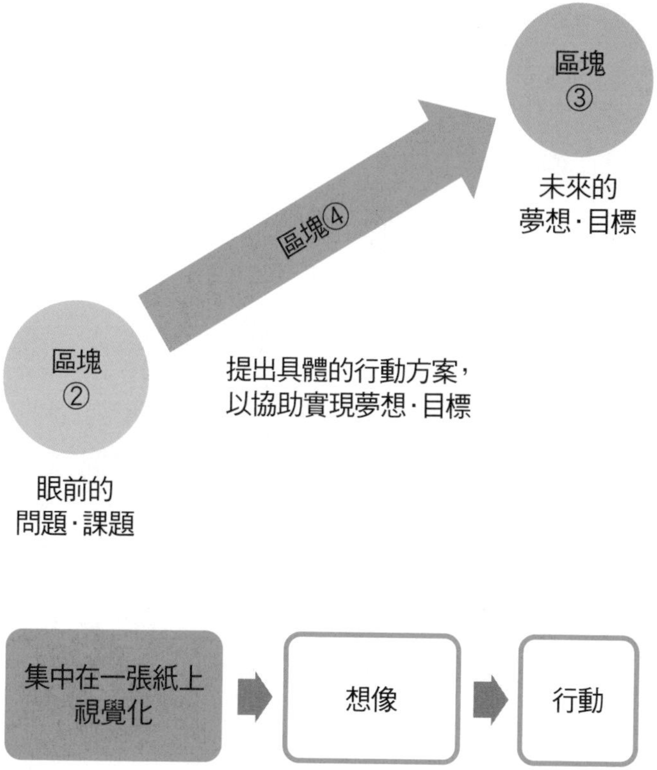
區塊
③
未來的
夢想·目標
區塊④
區塊
②
提出具體的行動方案，
以協助實現夢想·目標
眼前的
問題·課題
集中在一張紙上
視覺化
想像
行動

當客戶看了這三個區塊的內容後，就能理解自己應該怎麼做了。唯有讓客戶理解，才會接受你的提案，進而簽約。

由於這個原因，所以使用這份問卷會提高簽約率，客戶也容易主動往夢想邁出第一步。

過去我曾到號稱致力於諮詢工作的沙龍，進行神祕客調查。他們的確很用心，提問項目非常多，一份問卷就多達五頁。

但是多達五頁的問卷，不管是發問者、還是回答的人都會筋疲力盡，客戶也容易「中途而廢」。

再加上區塊②至區塊④的部分，跨及數頁，因此客戶無法想像眼前的問題、未來的目標，以及具體的行動這三區塊的彙整內容。

以至於千辛萬苦製作的諮詢問卷，卻很難看出成效，簽約率極低。所以，將諮詢問卷彙整成一頁，絕對是非常重要的一件事。

活用問卷時的注意事項

僅留區塊①由客戶填寫

將意見調查表或諮詢問卷遞給客戶，請他們「協助填寫」後，許多工作人員就會暫時離開座位。這應該是很常見的情形吧。

上述致力於諮詢作業的沙龍也是如此，放下五頁之多的問卷後，工作人員便離席，接著七、八分鐘後才會回座。

由於客戶沒有其他事情可做，也沒有談話對象，迫於無奈只好填寫問卷。如果不明白某些問題含意或意圖，卻又無人可問，這時只好留空或隨便回答。

而客戶不免質疑「為什麼我得做這種事情？」並在腦海中揮之不去。

使用「助你實現夢想的諮詢問卷」時，切記**僅留區塊①由客戶填寫，其他區塊請一邊詢問客戶、一邊由負責人員填寫**。不過麻煩客戶填寫區塊①的基本資料時，請待在客戶身邊，隨時回答客戶的問題。

為什麼不可以委請客戶填寫呢？

因為由客戶協助填寫的話，他們並不會如實回答。

客戶不願如實回答的四個理由

「什麼？客戶會說謊嗎？」大家或許會有這種疑問。其實對方之所以不願如實回答，是因為下述四個理由。

① 不明白必要性

第一個理由就是，因為客戶不明白其必要性。

許多問卷並未表明問卷主旨，工作人員通常也只丟下一句「請麻煩填寫」，並不會說明主旨。然而問題繁多又瑣碎，所以客戶才會敷衍了事。

②怕麻煩

想為客戶提出最恰當的建議，諮詢問卷的提問項目一定會變多。但是項目一多，客戶填寫時就會嫌麻煩，肯定會隨便寫一寫。

③無法正確理解問題的意義

「問題」會以文字呈現，但這段文字並不保證能完全闡明含意。再者，有時也會出現意圖難以理解的問題，不禁讓人質疑「為什麼要問這種事情？」

客戶面對這種問題時，往往會自行隨意解釋，做出無意義的回答，甚至寧可不回答。

曾有一位網站設計師使用了「助你實現夢想的諮詢問卷」，問卷中出現這個問題：「您希望呈現怎樣的氛圍（例如：奢華、酷帥、成熟甜美……）？」

如果不是平時就對網站設計有概念的人，難免會疑惑「酷帥是什麼感覺？」但站在提問方的立場來看，卻也只能使用這類形容詞來表現。

就像這樣，愈專業的領域，便有愈多問題得由工作人員說明，填寫問卷的人才能理解。

④無法正確掌握自身的問題・課題

諮詢問卷本來就是釐清客戶的問題或課題的工具，所以第一次填寫的客戶，當然無法正確掌握自身的問題或課題。

因此，若無法適度地表達客戶的問題或課題，他們當然只能隨便填寫答案。

填寫問卷時的大略流程

依據我目前觀察到的經驗顯示，若是委由客戶填寫問卷的話，他們通常會嫌麻煩，也不一定能夠完全理解問題的含意，因此最好由工作人員邊問邊寫。

不過，經常有人問我：「向客戶提問，再一一填寫，這樣不會很花時間嗎？」

也有人提出這樣的意見：「請客戶填寫問卷的期間，員工也能先做準備，對雙方而言，才能節省時間吧？」

事實上，考量到問題意圖不明或客戶嫌麻煩而隨便回答，如果重新詢問這些項目，反而花費更多時間。

而且客戶的回答也會更詳細、更正確，員工的提案也就因此更精準，使客戶容易接受。

使用這份問卷進行諮詢時，工作人員請勿離席，並全程陪同客戶填寫問卷。大略流程可參考下述說明（參閱頁七〇的流程圖）。

填寫問卷時的大略流程

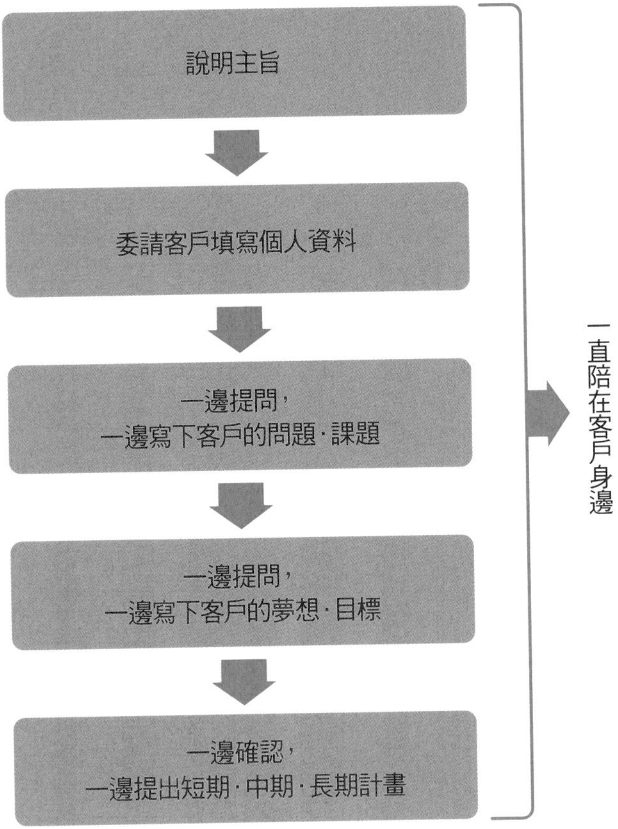
說明主旨
委請客戶填寫個人資料
一邊提問，
一邊寫下客戶的問題·課題
一邊提問，
一邊寫下客戶的夢想·目標
一邊確認，
一邊提出短期·中期·長期計畫
一直陪在客戶身邊

區塊①

「打開心房」的溝通區

接著，來看看這份問卷的實際使用方法，以下將主題設定為店鋪的瘦身課程。

首先，我從區塊①「打開心房」的溝通區的項目進行說明。

這部分相當於「諮詢銷售」的「打開心房的過程」此一步驟，所以主要訴求是與客戶展開溝通，同時讓對方打開心房。因為接下來希望聽取客戶的課題及夢想，必須讓對方認定你是可以交心的對象，否則很難向你吐露。

因此，首要之務在於建立關係。基本上有三大重點，以下將依序說明。

①事先闡明製作問卷的主旨

首先，在問卷開頭處，要寫上製作這份問卷的主旨。

任誰都不喜歡在不明不白的情況下被問問題，何況還會被問到重要的個人資料，更會讓人有所顧忌。

在主旨處必須闡明的，就是藉由完成這份問卷，客戶可以得到什麼益處。這裡以瘦身問卷為例，因此需要表明「為了讓客戶看出最大成效」。

不同的業界可各自靈活運用，例如可寫「為了提出最適當的建議」、「為了達到最佳的協助」等。

②編列負責人欄位

我在協助編寫諮詢問卷時，一定會要求加入負責人欄位。

經常有人向我反應：「遞名片給客戶不就好了嗎？」但是單靠名片，其實很不方便。

因為在談話期間，名片常常不知道會被塞到哪兒，而且將視線移到名片上時，就會被發現自己沒記住對方名字；不喜歡被發現這種事的客戶，出乎意料地多。

至於名牌則不容易辨識，如果別在衣服上的位置不恰當，有時根本看不到名字。

在諮詢問卷上列出負責人名字，客戶就能放心地反覆檢視，直到記起名字為止。繼續使用名片或名牌也無妨，但是請務必在諮詢問卷中加入負責人欄位。缺少這個欄位，可說是非常不體貼的一種行為。

③ 委請客戶填寫基本資料

姓名或住址等無須思考的項目可維持現狀，但是像職業等部分，就會有人猶豫應該寫得多詳盡。再者，突然被問到興趣時，有些客戶也會想不起來「究竟對什麼感興趣」。

針對這些項目，可預想來店客戶大多數會選擇的職業或興趣等選項，以方便客

諮詢問卷

①

■ 誠心感謝您的來店。本店十分重視每一位客人的意見，以期達到最大成效，請放心由我們來為您服務。麻煩您協助回答下述問題。

填寫日期　20　　年　　月　②日　負責人：

區塊①

③

名：　　　　血型：　　　　出生年月日：19　　年　　月　　日（　　）歲

：　　　　電話：

電子信箱：

業：上班族、公務員、護理師、針灸師、美容師、治療師、教師、模特兒、藝人、媒體人、自營業主、兼職人員、家庭主婦、其他（　　）

興趣：旅行、運動、電影、閱讀、音樂、料理（　　）

得知本店的途徑：朋友介紹（介紹人：　　雜誌（　　　）、TV、HP、SNS、其他（　　）

您所提供的個人資料將於日後為您提供商品及服務之相關資訊，　　其他用途。

■身材比例、瘦身方面

在意的部位？　□雙下巴　　）

目前針對在意的部位正在進

・相關運動　□健身房［　］
（期間：

・相關飲食　□瘦身食品［
（期間：

・其他　□診所［　］
（期間：

成效如何？

A：馬上看出成效　B：不

① 事先闡明製作問卷的主旨。例如「達到最大功效」、「提出最適當建議」等。

② 編列負責人欄位。

③ 委請客戶填寫基本資料。

■ 健康、生活型態方面

□容易疲勞　□生理痛（重度、輕度、無）　・睡眠（規律、不規律）　・每日步行時間（　　）分

□早上爬不起來　□生理週期（規則、不規則）　・睡眠時間（　：　～　：　）　・定期運動（有、沒有）（　　）（　　）

□畏冷（手、腳）　□懷孕中　・入睡情形（良好、不佳）　・（站著工作、坐著工作）

□經常焦燥不安　□排便（　　日　　次）　・睡眠（深、淺）　・PC 作業　1 天（　　）小時

□容易感到壓力　□排尿（　1　日　　次）　・作夢（經常、偶而、從不）

□腸胃不佳　□腰痛　・上班時間（規則、不規則）

■○○○○方法

・是否了解因為基因不同，所以能夠瘦下來的效果不同？（YES・NO）

・是否了解自己的基因類型？（YES・NO）

■目標、理想的身材（3 個月後、6 個月後、1 年後……）希望呈現怎樣的身材狀態？

■目的：實現目標、理想的身材後想做什麼事？如何進行？

■瘦身計畫

●短期計畫　●中期計畫　●長期計畫

■居家瘦身保健建議

●運動　●飲食　●健康、生活型態

■ 後續追蹤

・電子郵件：YES・NO　（　　　　　）

・3 天後：　　〃　　　：　　～　　：

戶選擇。

事實上，職業或興趣等項目，並非為了取得客戶的個人資料，主要是用來製造與客戶溝通的切入點。

當客戶在職業欄回答「自營業主」時，就可以問對方：「您是自營業主呀，從事的是哪方面的工作呢？」或是「原來如此，今天正好休假嗎？」如此就能延伸到下一個問題去。

【區塊①】的對話範例與解說

來店致謝、確認來店目的

使用問卷進入接待客戶的階段前，必須先感謝客戶來店，以及確認來店目的。先來舉一個常見的例子。

NOT GOOD!

業務：佐藤小姐，感謝您預約兩千元的瘦身體驗療程，今天由我來為您服務，敝姓〇，請多指教。

佐藤：麻煩你了。

業務：這是最受歡迎的療程，當然持之以恆會更有效果，如果您滿意這次體驗，請您下次再度光臨。

佐藤：我今天只是來試試看，想知道是什麼感覺而已……。

業務：在時間方面，全程約需兩個小時，您沒問題嗎？

佐藤：啊，沒問題。

業務：那麼，首先麻煩您協助填寫這份諮詢問卷。麻煩從姓名開始，依序填寫粗線框起來的部分（一邊用筆指著姓名的部分）。

佐藤：好……。

「什麼？不能這麼做嗎？哪裡做錯了，這很正常不是嗎？」說不定有人一直這麼認為。

但是上述範例十分不可取，實在叫人感到可惜。

區塊①是與客戶溝通，打開客戶心房的區塊，然而客戶幾乎沒說一句話。

結果就在客戶還不太清楚狀況、滿心不安的狀態下，便企圖推薦產品。將「推銷」擺在前頭，會變成明顯的「強硬推銷」。**一旦態度強硬，客戶便會感到排斥。**

此外，也不能一邊用筆指著問卷、請客戶填寫。用類似筆尖的尖銳物品朝向客戶，是很失禮的行為。對於有尖端恐懼症的人而言，還可能引發恐慌。所以請將手指靠攏，且手掌朝上為客人說明。

接著，來參考一下優良的範例。

GOOD!

小林：佐藤小姐，感謝您百忙之中光臨本店。今天由我負責為您服務，我叫作小林未千，請多指教。先與您確認預約內容，您預約的是兩千元的瘦身體驗療程，沒錯吧？

佐藤：沒錯，麻煩你了。

小林：您今日所預約的是最受歡迎的療程喔！敬請期待！

佐藤：喔，是嗎？好期待。

小林：今天預計需要花費兩個小時的時間，請問佐藤小姐接下來有什麼預定行程嗎？

佐藤：我和朋友八點約在車站前碰面……。

小林：好的，您八點和朋友有約，那麼只要在七點四十五分離開本店就行了，對嗎？

佐藤：是的，沒錯。

小林：我明白了。接下來要開始本日的流程，一開始會依據簡單的諮詢問卷「請教」您一些問題。然後再請您實際體驗本店的療程。每位客戶都覺得這個療程非常有效，請佐藤小姐再稍待片刻。

佐藤：好的，真叫人期待。

這裡有兩個重點，請隨時注意這兩點喔。

① 稱呼客戶姓名

首先，請記得稱呼客戶姓名。

② 複述

複述客戶的回答，讓客戶感覺到你有在傾聽。這樣一來，客戶心中就會出現

「自己在說什麼，對方都有聽進去」的安心感。

在複述的同時，也能思考接下來該如何延續對話。

告知宗旨，徵詢客戶同意

其次要說明諮詢問卷的主旨，徵詢客戶同意配合。先來看看不可取的範例。

NOT GOOD!

業務：接下來先請您填寫這份諮詢問卷。您所填寫的個人資料，不會在未經同意下，提供給第三者使用。那就麻煩您從這部分開始填寫。

佐藤：喔，好的……。

雖然已經闡明主旨，但尚未取得同意便緊接著說明，並不妥當。切記應稱呼客戶姓名，禮貌地取得同意再接下去說明，才能讓客戶感到安心。

現在來看看可取的範例。

GOOD!

小林：那麼，首先為了讓佐藤小姐能夠看出最大成效，想請您填寫這份諮詢問卷。佐藤小姐所填寫的個人資料，倘若沒有您的同意，我們不會提供給第三者使用，敬請放心。請問您方便嗎？

佐藤：方便。

小林：請您填寫上方用粗線框起來的部分（手指靠攏且手掌朝上指示說明）。接著還有下方的提問事項，這部分則由我邊發問邊填寫。

佐藤：好的，我明白了。

藉由「四步驟經驗談」進行「自我介紹」

說明主旨後，請一定要自我介紹。區塊①設有「負責人欄位」，這是用來讓客戶記住自己名字的欄位，不過光靠這樣是不夠的。

自我介紹非常重要。使用諮詢問卷時，將從客戶身上陸續問出其課題與理想的未來遠景等。如果站在客戶的立場來看，你會想對著來路不明的傢伙，談論自己的課題或夢想嗎？

商量事情也是一樣，如果你並未被認同是「可以談事情的人」，客戶一定不會開口。

但是很多店家並不會進行自我介紹。

「我叫作〇〇〇，現在想要請教您一些問題。」如此詢問客戶，對方應該不會想談重要的事情吧。

「我是今天負責為您服務的〇〇〇。」請一邊這麼說，一邊遞名片給客戶，再報上全名，然後簡單地自我介紹。

時間只要一分鐘便足夠，**請記得練習在一分鐘內作自我介紹**。

這一分鐘的自我介紹，可能你並不知道該說些什麼，此時建議大家可以進行

「四步驟經驗談」。

許多從業人員理應自己體驗過該項商品或服務，因此只要將這種體驗當作自我介紹，然後告訴客戶即可。

步驟一：過去的自己

一開始先說明認識目前所提供的商品或服務前，自己的狀況如何。

如果是瘦身產品，可聊聊自己很介意有點肥胖的身材，還有無論在工作或人際關係上，都無法積極的狀況。

步驟二：契機

告訴對方，自己獲知商品或服務的契機。

比方說，鼓起勇氣向朋友說出這個煩惱後，朋友介紹了這家店給自己，或是在網路論壇上看到店家風評頗佳，於是提起勇氣來店諮詢之類的經過。

步驟三：優點

說明實際嘗試後，感受到的優點。

因為過去數度瘦身失敗，原本很擔心是否會成功，後來卻能輕鬆地養成習慣，或是雖然擔心復胖，卻能一直維持理想體重等經驗。

步驟四：今後的遠景與決心

表明自己成為員工後的遠景與決心。

「坊間錯誤的瘦身方式會搞壞身體，很多人反覆復胖，變得更難瘦下來，或是使皮膚變差，我想讓這種人變得愈少愈好。」告訴客戶你的決心。

這四步驟的內容只要夠充實，客戶對於你的遠景與決心就能產生共鳴，也會產生「口耳相傳」的神奇效果。

反過來說，無論你的個性有多好，甚至具備專業知識、高超技術，只要無法讓客戶了解你的遠景與決心，便很難形成口耳相傳的效果。

以下為優良的對話示範。

小林：接下來想請您填寫諮詢問卷，佐藤小姐是第一次光臨本店，我也是初次與您見面。相信您內心一定充滿不安，比方說「不知道交給我有沒有問題」，或是「擔心被強迫推銷該怎麼辦」。我希望佐藤小姐盡可能放心地體驗療程，所以想要簡單地自我介紹一下，可以嗎？

佐藤：好的。

小林：我現在是一名治療師，過去在其他企業負責會計行政工作，曾經也是這家店的客人。

當時我滿臉痘痘，身材又圓滾滾的，無論在工作或人際關係上都缺乏自信，老是後悔之前做過的事，而感到悶悶不樂，面對未來每天都充滿不安。（步驟一：過去的自己）

就在這時，公司的前輩問我：「要不要一起去護膚沙龍試試？」正是在她的介紹之下，我才會來到這家店。（步驟二：契機）

在這之前我做什麼事都無法持之以恆，也無法獲得理想的成果。因此我也曾感到不安，不知道能不能夠堅持下去，或者有沒有問題。多虧了工作人員的支持，當我看出成效時，感到非常開心。也開始有了一點自信，變得敢去嘗試各式各樣的挑戰了。一旦有了自信，人生就會出現巨大轉變。我自己就是這樣。（步驟三：優點）

現在看到眼前的客戶展現成果，我就會很快樂。我的目標就是讓更多人變美麗，神采奕奕地發光發熱，努力成為地區排名第一的

GOOD!

店長。（步驟四：今後的遠景與決心）

我這個人就是這樣，今天為了讓佐藤小姐開心地體驗療程，我會盡全力為您介紹。不知不覺講得口沫橫飛（笑），如果佐藤小姐不喜歡的話，請提醒我一下喔！請多多指教。

話說回來，經常有人問我：「客戶會想聽工作人員自我介紹嗎？」

依據我的經驗，這點完全不是問題，如果擔心的話，就和說明問卷主旨時一樣，請說明一下自我介紹的理由。

「我想仔細請教〇小姐一些問題，再為您提出最恰當的建議，但是您應該不想向來路不明的人談論重要的事情吧？因此我可以用一分鐘自我介紹嗎？」

像這樣詢問客戶，幾乎沒有人會說「不好」。

而且，像這樣時常說明主旨，確認客戶已經理解之後，也能讓客戶對你感到安心與信賴。

打開自己的心房，才能打開客戶的心房

自我介紹是為了打開客戶的心房，問出其內心想法。那麼該如何判斷客戶是否已經打開心房了呢？

很多人會從客戶的表情來判斷，只是先前一直笑著聽你解說的客戶，一聽到提案後，多數人都會回答「不需要」。

尤其從事業務工作的人，習慣擺出笑臉回應對方；如果觀察客戶表情後，便以為客戶感到滿意，不時也會發生「事實並非如此」的情形。

我自己從事業務工作也有很長一段時間了，因此認為單靠表情判斷並不精準。

因此，我建議大家透過觀察自己來判斷。

當你感覺自己已經打開心房時，客戶通常也打開心房了。

想讓自己打開心房，得先聊聊自己的事情。

在「四步驟經驗談」中，會聊到自己的事情，尤其是遠景與決心，絕對無法在內心封閉的情形下侃侃而談。

「四步驟經驗談」就是藉由打開自己的心房，進而打開客戶心房的工具。

找出與客戶之間的共同點

委由客戶填寫粗線框起來的部分，除了可以取得個人資訊，更重要的是能夠找到談話的開場白。因此要找出彼此的共同點，即可簡單地打開話匣子。

接著來看看不錯的範例。

小林：啊！佐藤小姐也是一月出生，我也是一月出生的水瓶座！我們星座相同，真叫人開心！大家常說水瓶座的人很神祕，又

GOOD!

具有獨創性呢！不過也有人説我們是怪胎啦（笑）。我覺得很準……，佐藤小姐覺得呢？

佐藤：對呀，我也常被人説怪怪的（笑）！

小林：佐藤小姐也常被人説奇怪呀，那我們是同一掛的！想請問一下，佐藤小姐通常是在何時被人説奇怪呢？

佐藤：我……

想要找到共同點展開話題，最好的題材就是「星座」或「血型」。因為能衍生出客戶自己的個性、特點，還有周遭的人如何看待等話題。

讓「閒話家常」幫你抓住「關鍵字」

想讓客戶放鬆心情，最有效的方法，就是以與主題無關的話題，和對方閒聊。這時製造機會，讓客戶滔滔不絕，如此一來，就能道出實話，更是讓對方展現「笑容」的重要關鍵。

靠「說話」和「歡笑」緩解緊張情緒，才容易讓客戶愉悅地回答主要「問題」，而能否「簽約」的關鍵就在於此。

以下先來看看不好的對話示範。

業務：您的興趣是料理呀！您一定可以成為很棒的賢內助。佐藤小姐最擅長的料理是哪一道呢？

佐藤：最近大家一起動手做的西班牙海鮮燉飯，還頗受好評。

NOT GOOD!

業務：哇！我也很愛吃「西班牙海鮮燉飯」！我曾經想試做，可是不會很難嗎？下次請您一定要教教我。

佐藤：啊，好的。

範例中只提及自己對「西班牙海鮮燉飯」有興趣，一味談論自己想說的事情，並非恰當的對話方式。

再來舉一個可取的範例，請大家比較看看。

小林：您的興趣是料理呀！您一定可以成為很棒的賢內助。佐藤小姐最擅長的料理是哪一道呢？

佐藤：最近大家一起動手做的西班牙海鮮燉飯，還頗受好評。

小林：哇！大家一起動手做的西班牙海鮮燉飯，聽起來很不錯呢！

GOOD!

佐藤：就是呀！大家一起開心地動手做，氣氛感覺很歡樂！而且作法簡單、成品又美味，所以這道料理很適合一群人歡聚時享用。前幾天我正好和四個同期進銀行的女生一起聚會。

小林：「快樂！簡單！美味！」這樣最棒了。和同期的女生朋友們聚會，好像也很有趣呢！老實說，我也很愛吃西班牙海鮮燉飯。下次方便的話，請教教我怎麼做吧！我好期待。

佐藤：小林小姐也喜歡吃西班牙海鮮燉飯呀。好啊！那我下次帶食譜來。

複述「大家一起動手做的西班牙海鮮燉飯」這句話，是因為客戶想要表達的，其實是「西班牙海鮮燉飯能讓大家一起開心地動手做，而且成品很好吃」。抓住客戶想表達的重點，並不是件容易的事，所以要複述客戶說過的話。如果觸及到「大家一起」這個關鍵字後，對話能繼續下去的話，代表這是客戶在意的點。

而且因為抓到這個重點，才能引導客戶說出「下次帶食譜來」這句話，可看作是再度來店的約定。雖然不見得一定會實現，至少初步取得客戶好感了。

只要抓住「關鍵字」，就能讓客戶愉悅地侃侃而談。

許多客戶都不會主動自吹自擂，雖然有想說的念頭，但通常是等著別人來問。只要詢問對方想說的事情，就能盡興暢談，因此要好好抓住與客戶談話時所出現的關鍵字。

如何營造話題，拓展談話範圍？

想讓雙方對話熱絡，切記要營造話題。

有幾個通行無阻的「話題」，可與第一次見面的人展開談話。請記住由首字「氣・嗜・時・旅・天・家・健・工・時・食・居」所組成的開啟話題方式。

利用這些主題，會比較容易找到共同話題，事先記起來，便能萬無一失，不過不熟悉的人也許很難隨心所欲地運用。

如果主動提起天氣的話題，例如：

「今天天氣真好呢！」

「是啊，天氣真好。」

是不是感覺再也聊不下去了呢？這時，如果再使用諮詢問卷，就不怕沒有話題可聊。

如同前文所述，唯獨區塊①的「客戶基本資料」一欄，會請客戶自行填寫。只要對客戶保持興趣與關心，觀察客戶寫了些什麼，理應就能找出共同點。

「○小姐您在□□銀行工作呀？其實我表妹也在銀行任職……」

「依據您的電子信箱，就知道使用的是△△公司的手機，和我一樣！」

只要依照上述這種模式，展開對話即可。這樣一來，客戶肯定會對你產生共鳴，

有助營造話題的對話

- 氣 氣候或季節
- 嗜 嗜好（興趣）
- 時 時事
- 旅 旅行
- 天 天氣
- 家 家人
- 健 健康
- 工 工作
- 時 時尚潮流
- 食 食物
- 居 居住

也會倍感親近。

與客戶談話時必須留心的是，不能一直東拉西扯，否則無法回歸「主題」。

身為業務，有些人去拜訪客戶時總在閒話家常，以至於業績完全不見起色。但是，若有問卷在手，就能避免這種狀況。

因為問卷裡列了一大串非得詢問不可的「主題」。

讓讚美出現加乘效果的方法

「讚美客戶」這點也很重要，但該如何表達卻相當困難。以下先來看看不甚理想的示範。

業務：佐藤小姐，您今天穿的衣服是〇〇（品牌名稱）嗎？好好看喔！

佐藤：啊！沒錯。

NOT GOOD!

業務：佐藤小姐，您長得夠高，真的好羨慕您。您的髮型也很適合您。

佐藤：啊，謝謝。

讚美得太超過，就會讓人覺得不舒服，客戶的心房也會因此封閉起來。而且只稱讚外表，客戶也不見得感到開心。就像對身高很高的人說「您長得夠高，真的好羨慕您。」但說不定對方已聽過太多次，早就不以為意，還有一些人因為高而感到自卑，所以需要特別注意。

其次為理想的示範。

小林：佐藤小姐，您今天穿的衣服真好看，您平常都是在哪裡買衣服呢？

佐藤：我都在〇〇，或是〇〇。我也常購買快速時尚單品。

小林：原來如此。佐藤小姐雖然在銀行上班，但第一印象會讓人以為您

GOOD!

的工作與服飾業或美容業有關呢！

佐藤：不會吧！第一次有人這麼和我說。

小林：真的，您的品味非常好，我覺得您很了解自己適合怎樣的服裝與妝容。

佐藤：哇！聽到你這麼說，我好開心喔！

透過讚美，可以打開客戶心房，讓溝通暢行無阻，但是很多人的「讚美方式」卻錯了。

光是讚美外觀或事實的話，聽在對方耳裡，大多只會感覺「不舒服」、打亂情緒，使客戶將內心封閉起來。

究竟該如何讚美才好呢？

依據我的經驗，使用「讚美之外的對話」會更有效果。

第一種對話是讚美追加「提問」。

稱讚客戶「好好看喔！」之後，再追加提問「您是在哪裡購買呢？」客戶就會感覺「自己受人關心」，因而對你產生好感。

第二種對話是讚美再加「想像」。

打算稱讚服飾和妝容時，不可以直白地告訴客戶，應該從外觀或事實，擴大想像該名客戶的工作、生活型態或人生。誠如前文的範例，擴大工作方面的想像，告訴客戶「以為您的工作與服飾業或美容業有關。」先讓客戶腦中充滿「問號」，提高心中的「雀躍感」，更加能提升好感度。

最適合用來練習這類想像的場合，就是在通勤電車上。

舉例來說，眼前有一名看似四十五至四十九歲的男性，正擦著冒不停的汗水，襯衫釦子幾乎快被撐破了。

他肯定是受到眾多屬下信賴的部長，而且善於交際，所以平日幾乎都是外食。雖然想瘦身、節制一點，但是別人一開口邀約便無法回絕。

而他這個週末要帶孩子們與朋友一家去烤肉。這個活動想必很歡樂，但又擔心要過食了。任何時候總是埋頭苦幹、努力工作，深受家人和屬下愛戴……，讓這種令人期待的想像，在自己腦中無限擴張。

讚美與奉承是兩碼子事，讚美得太超過，聽起來就像是奉承，所以請真心誠意地告訴客戶，你心中認為「真美好」、「很優秀」、「太棒了」的事情。接下來為了讓客戶能接收「讚美的話語」，告知對方時應用點巧思，嘗試使用「讚美之外的對話」。

根據動機，找出簽約的關鍵點

當客戶來店動機不同時，詢問的方式也會不同。

客戶是經由他人介紹，與經由雜誌或網路介紹來店時，兩者的談話方式將有所不同。

先來談談經由他人介紹來店的情形。

GOOD!

小林：您是鈴木小姐介紹來的啊，非常感謝。順便請教一下，您與鈴木小姐是什麼關係呢？

佐藤：我們是同期的同事。啊，前幾天的西班牙海鮮燉飯聚會，我們就是一起參加喔！

小林：原來如此，你們是同期的同事呀！鈴木小姐是如何向您介紹本店呢？

佐藤：在聚會上，我說了一句「太好吃，都胖了啦！」鈴木小姐便說，她是靠你們店裡的瘦身療程而瘦下來，還和我說「她十分推薦！」

小林：那真是叫人開心呢！那麼您是在鈴木小姐的推薦下，馬上就來申請體驗療程嗎？

佐藤：是的，沒錯。

小林：感謝您的肯定。佐藤小姐很信任鈴木小姐的推薦，所以今天才會來店體驗。請問當鈴木小姐推薦給您的時候，會讓佐藤小姐想來店體驗的關鍵點是什麼呢？

佐藤：鈴木小姐說她裙子的腰圍尺寸小了一號，還說最近身體狀況很不錯，也説店裡的氣氛讓人感覺很自在。

小林：哇，那真是太令人開心了。佐藤小姐，您實際來到本店後感覺如何呢？

佐藤：果然名不虛傳，感覺很自在，有種獲得療癒的感覺。

小林：謝謝您的肯定。為了維持妳們二位的信賴關係，我想與您一同設計最適合佐藤小姐的療程。敬請期待喔！如果您能和鈴木小姐結伴來店的話，一定可以成為最佳的競爭對手。

如果佐藤小姐實際體驗過後，覺得滿意的話，請您一定要和鈴木小姐一起努力達成目標。

經由他人介紹時，切記要詢問客戶與介紹者之間的關係，以及聽到哪些店裡的評價，或是有沒有聽說過相關的評價。

事前已得知介紹者為何人時，盡可能先探聽清楚客戶的狀況（姓名、職業、年齡、兩人的關係、客戶已經得知的事、當時的反應等）。善加活用這些資訊，才容易加速客戶決定簽約。

接下來，看看經由雜誌或網路介紹來店的情形。

小林：非常感謝您看了本店官網後，今日來店體驗，很開心您能選擇本店。想順便請教一下，佐藤小姐是在什麼情形下，連結到本店官網呢？

GOOD!

佐藤：我想想，好像是用「腰圍、瘦身」這幾個關鍵字四處搜尋吧。

小林：事實上，另外也還有許多類似店家，會讓佐藤小姐選擇本店的關鍵點是什麼呢？

佐藤：我覺得下班回家順路，瘦身體驗療程也正好是期間限定，所以便決定預約。

小林：如果佐藤小姐下班回家順路過來的話，真的很方便呢！非常感謝您這次的預約。您在網站上瀏覽的感覺，與您實際來店後的印象如何呢？

佐藤：和我想像的一樣，環境很清潔，有種療癒的感覺。

小林：謝謝您的肯定。為了讓您感到滿意，我想與您一起設計最適合您的療程。

當然成果也很重要，不過請您先放鬆心情，好好享受這段療癒的時間吧！

具體探聽客戶來店之前的一舉一動，就能了解與客戶達成「簽約」的關鍵點。

在這段對話中，出現了腰圍和瘦身、下班回家順路、期間限定、環境清潔、療癒等關鍵字，意味著客戶容易對這些用語產生反應。

另外，如果是經由雜誌或網路等途徑介紹而來的客戶，也要了解他們是如何搜尋到這些資訊（**資訊蒐集的方法**）、選擇的關鍵為何（**行動的動機**）、實際來店後的印象（**評價**），才有助於今後招攬新客。

代客戶闡述不安，建立信賴關係

如果能在剛開始的階段，代替客戶闡明內心的不安，便有助建立信賴關係。

有時候，客戶總會分心而無法專注聽取說明，或是不會參與話題。

這正是客戶懷抱著某些不安，無法進入下一個階段的警訊，因此必須事先消除其不安。

客戶所懷抱的不安，大致上有下述這幾種：

- 要是被強迫推銷該怎麼辦？
- 如果金額太昂貴如何是好？
- 自己會有恆心嗎？
- 能夠找到適合自己的產品嗎？

想要消除客戶內心的不安，就要代替客戶提前說出可能會引起不安的事。

「您該不會擔心被強迫推銷吧？」像這樣說出來，可以表達自己理解客戶不安的心情，客戶就會感到安心。

但是許多店長或員工都會反問我：「咦？說這種話沒問題嗎？」沒問題。因為由提供產品或服務的一方代為闡明，正如同表明自己「不會強迫推銷」一樣。客戶會理解你只是在解釋，就算被強迫推銷，也能提出抗議，因此會感到安心。

那麼，來看看代為闡述的理想示範。

GOOD!

小林：接下來要讓佐藤小姐體驗瘦身療程。如果您有任何不安或疑問，請您隨時提出來。
接下來的療程內容，若有小林小姐無法接受或感覺不安的事情，請您隨時毫不避諱地告訴我們。
（擺出認真的表情，加上稍微積極的態度）

而且不能只是代為闡明便結束對話，另外請附加下述說明。

小林：但是如果佐藤小姐能夠接受療程內容，認同我為您所做的服務，
請務必從您可以接受的範圍，或是從您認為「可以做得到的部

分」，開始嘗試看看。

（擺出笑臉，加上稍微謙退的態度）

GOOD!

佐藤：好的，我明白了。

代為闡明與附加說明時，為什麼兩者的態度有差別呢？

因為業務人員「積極的態度」會讓客戶「退縮」，擺出笑臉，加上稍微「謙退的態度」，才能讓客戶變得「積極主動」。

說明商品和服務的內容，以及促使客戶下決定時，過分熱情地呈現「積極的態度」是錯誤的作法，此時應該擺出笑臉、謙退一些。

「若有無法接受或感覺不安的事情，請毫不避諱地告訴我們。」以業務的立場而言，通常不願意說出這樣的話語。因此，容易不自覺地聲音變小。

不過，此時反而應該以「積極的態度」、充滿自信地說出來。這樣一來，客戶才會解除「警戒心」，對你產生「安心感和信賴感」。

在區塊①的階段，如果讓客戶心存不安，接下來要反轉這種不安的情緒會變得非常困難。

客戶會將些許的疑心，與不安互相牽扯，只要一丁點小事，馬上就會強化不安的感覺。

哪怕已經為客戶提出真正適合的建議，客戶也可能丟下「再讓我仔細想一想」這句話，以後也不會再度光臨了。

所以請務必參考區塊①的對話範例，打開客戶的心房。

區塊①總整理

諮詢問卷

■ 誠心感謝您的來店。本店十分重視每一位客人的意見，以期達到最大成效，請放心由我們來為您服務。麻煩您協助回答下述問題。

填寫日期　20　　年　　月　　日　負責人：

姓名：　　　　　　　　血型：	出生年月日：19　　年　　月　　日（　　）歲
住址：	電話： 電子信箱：
職業：上班族、公務員、護理師、針灸師、美容師、治療師、教師、模特兒、藝人、媒體人、自營業主、兼職人員、家庭主婦、其他（　　）	
興趣：旅行、運動、電影、閱讀、音樂、料理（　　）	
得知本店的途徑：朋友介紹（介紹人：　　）、雜誌（　　）、TV、HP、SNS、其他（　　）	

【目的】

打開客戶的心房

【問卷內的提問重點】

◎事先闡明製作問卷的主旨

◎編列負責人欄位

◎委請客戶填寫基本資料

【對話的重點】

◎稱呼客戶的姓名

◎複述客戶說過的話

◎自我介紹以拉近距離

◎先由自己打開心房

◎找出共同點

◎藉由閒話家常讓客戶放鬆

◎以讚美追加「提問」、讚美再加「想像」的方式來稱讚

◎代客戶闡述不安，建立信賴關係

區塊② 「用心聆聽」的理解區

本節將說明區塊②「用心聆聽」的理解區。

此部分等同於諮詢銷售「加以引導意識問題所在」之步驟，也是諮詢銷售過程中，最需要用心進行的步驟。觀察諮詢問卷後會發現，這個部分的問題最為充實。

為什麼在諮詢銷售時，要用心引導客戶意識問題所在呢？

因為鮮少有人能夠真正發現自己的問題，或是想要的東西（夢想、目標等）為何。唯有釐清這點，才會衍生「想要解決問題」、「希望達成夢想或目標」的心願。然後，才會開始對你的商品或服務有興趣。

尚未感興趣時，無論如何說明其效用，客戶根本無心聽取。想想自己不也是如此嗎？

想要「加以引導意識問題所在」有兩個重點：

①列舉藉由此商品或服務，所解決的問題和課題

首先要將透過商品或服務，得以直接解決的問題和課題全部列舉出來。

舉例來說，如果是推銷瘦身產品的話，可列舉出雙下巴、雙臂、腹部等在意的部位。

為什麼要全部列舉出來呢？

假設客戶是為了瘦腰才來到店裡，但看見雙臂也能瘦下來這個選項後，說不定就會聯想到其他問題，心想：「話說回來，夏天的確會很在意雙臂的問題。」

客戶最在意的問題或許是腰部，但是當他們知道其他部位也能有成效時，就會將諮詢的範圍擴大，決定也來諮詢看看。

不過，如果直接寫在介紹手冊等文案上，載明「本店療程對於改善這些部位也

十分有效」，卻會出現反效果。這部分等同於「想像利益與可能性」的步驟，如同第一章所說明，在探聽出客戶的課題前就這麼做的話，會使客戶的內心封閉起來。

切記要在提問項目中，自然而然地展現出來。

另外，還有一點也很重要，**提出的問題必須有助掌握客戶的價值觀，以及行為模式**。以範例問卷來說明的話，等同於從「目前針對在意的部位正在進行的努力、過去曾經做過的努力」到「成效如何」這一連串的問題。

藉由這些問題，即可掌握客戶重視什麼、會將金錢和時間花在哪兒，以及願意花費多少金錢和時間。

包含上述問題的諮詢問卷或現場問卷調查，數量實在不多，而缺少這些資訊還能為客戶提供最適當的建議嗎？想必很難吧！

諮詢問卷

■ 誠心感謝您的來店。本店十分重視每一位客人的意見，以期達到最大成效，請放心由我們來為您服務。麻煩您協助回答下述問題。

填寫日期　20　　年　　月　　日　負責人：

姓名：：　　　　血型：	出生年月日：19　年　月　日（　）歲
住址：	電話： 電子信箱：

職業：上班族、公務員、護理師、針灸師、美容師、治療師、教師、模特兒、藝人、媒體人、自營業主、兼職人員、家庭主婦、其他（　）

興趣：旅行、運動、電影、閱讀、音樂、料理（　）

得知本店的途徑：朋友介紹（介紹人：　）、雜誌（　）TV、HP、SNS、其他（　）

您所提供的個人資料將於日後為您提供商品及服務之相關資訊，不會用於其他用途。

①

■身材比例、瘦身方面

在意的部位？　□雙下巴　□雙臂　□腹部　□腰部　□臀部　□大腿　□小腿肚　□其他（　）

目前針對在意的部位正在進行的努力、過去曾經做過的努力（△）

・相關運動　□健身房［　］□瑜伽［　］□跑步［　］□健走［　］□其他（　）［　］
（期間：　　金額：每月　　圓）

・相關飲食　□瘦身食品［　］□單一瘦身食品（香蕉、蛋等等　）［　］□其他（　）［　］
（期間：　　金額：每月　　圓）

・其他　□診所［　］□護膚沙龍［　］□瘦身衣［　］□其他（　）［　］
（期間：　　金額：每月　　圓）

・成效如何？
A：馬上看出成效　B：不太明顯，沒有改變　C：比以前更差

區塊②

②

■健康、生活型態方面

□容易疲勞	□生理痛（重度、輕度、無）	・睡眠（規律、不規律）	・每日步行時間（　）分
□早上爬不起來	□生理週期（規則、不規則）	・睡眠時間（：～：）	・定期運動（有、沒有）（　）
□畏冷（手、腳）	□懷孕中	・入睡情形（良好、不佳）	・（站著工作、坐著工作）
□經常焦躁不安	□排便（　日　次）	・睡眠（深、淺）	・PC 作業　1天（　）小時
□容易感到壓力	□排尿（1日　次）	・作夢（經常、偶而、從不）	
□腸胃不佳	□腰痛	・用餐時間（規則、不規則）	

■○○○○方法

・是否了解因為基因不同，所以能夠瘦下來的效果不同？（YES・NO）

・是否了解自己的基因類型？（YES・NO）

① 列舉藉由此商品或服務，所解決的問題和課題

・客戶的問題和課題

・價值觀（經濟能力、安全考量、設計感、機能面等）

・行為模式（時間分配方式、行動）

② 讓客戶明白問題或課題的間接原因

・電子郵件：YES・NO　（　　）

・3 天後：　　〃　　：　～　：

過去的諮詢問卷並不包含這些問題，使得探聽能力不足的員工，一直處在無法了解客戶價值觀及行為模式的情形下，因而提出充滿推銷意圖的建議，導致簽約率不高。

此外，關於「在『相關運動』、『相關飲食』、『其他』上會花費多少時間與金錢？」這個問題，許多人都會產生質疑，「真的可以問這種事情嗎？」針對這一點，過去我從未遇過客戶抱怨「是否得回答這些問題才行」。

只要一開始充分說明主旨，就不會構成問題。

如果非常顧忌詢問金額這類問題，另外還有一種問法，就是詢問購買地點。只要知道客戶是在超市、藥局或百貨公司購買的話，就能略知一二了。

②讓客戶明白問題或課題的間接原因

這時也能採用「扭轉乾坤」的方式來詢問。雖然與你的商品或服務沒有直接關係，但比方說改善生活模式便能彰顯成效，這時就可針對這些間接原因提問。

例如，本問卷提出「容易疲勞」、「早上爬不起來」等問題，從客戶的角度而言，便會覺得是在詢問毫無關聯的問題。

為什麼要詢問這些事情呢？

假使單刀直入向客戶提議「這種療程與健康食品對腰部纖瘦很有效」，容易讓對方心生「被強迫推銷」的感覺。

但是，如果知道客戶「入睡情形不佳」後（由於這點也會導致瘦不下來），就能建議客戶「睡前做些輕鬆的伸展操」，讓客戶不花錢即可改善入睡情形。

如果能提出類似的建議，即可大幅降低「推銷」的感覺。

此外，當客戶購買療程後，在後續追蹤的信件上，也能問候客戶「不知道您後來入睡的情形有改善了嗎？」客戶便會覺得「這個人有設身處地為我著想」。

請容我重申，①和②兩部分的共同重點，就是**將所有可能的選項全部列出來**。

如此一來，任誰都能隨時仔細提問，客戶也能藉由列出的選項，輕鬆想像自己的課題。

某家沙龍的諮詢問卷，採用自由發揮的模式填寫，但是老闆很擅長提問，所以能針對「助你實現夢想的諮詢問卷」內含項目仔細發問。

由於採用自由發揮的模式填寫，所以會依照提問順序記錄下來。老闆很清楚這套邏輯，客戶卻很難主動聯想出自己的課題，因此簽約率低迷不振。

請大家注意，諮詢問卷就是因為客戶才有存在的價值。

這位老闆還有一個煩惱，就是雖然自己懂得諮詢，卻無法培養員工這方面的能力。於是只好由老闆獨自負責，忙不過來時，甚至會推掉目標客戶的預約。這樣不是很可惜嗎？

如果員工也能進行諮詢，就不必推掉預約了。想讓員工學會諮詢工作，其實只要將提問項目，全部列出來就好了呀。

有些店家或沙龍會販售眾多商品，像是護膚沙龍店，通常會有美容、瘦身、除毛等商品。若將這些商品的相關問題全部編入問卷，可能會超出一頁的範圍。這種時候，請為每一種商品製作不同的諮詢問卷。

切記將想問的事情，依照方便詢問的順序編列，然後全部彙整於一頁問卷上。

【區塊②】的對話範例與解說

以「提問」幫助客戶說出煩惱

從區塊②開始，終於要觸及向客戶提出適當建議時，必須提出的問題了。

承前所述，客戶鮮少會清楚自身的問題、夢想及目標。但是經由自己發現這些事情後，便會出現想解決問題、實現夢想的渴求，於是開始對你的商品和服務抱持興趣。

因此在區塊②，**必須提出容易回答的問題，以便客戶自行發現問題和夢想。**

話雖如此，提出容易回答的問題，並非容易之事。先來看看不恰當的示範。

NOT GOOD!

業務：那麼，接下來我想請教您一些問題。
第一個問題是，您會在意臉部或身體的哪個部位嗎？
佐藤：會啊，我很在意腰部。
業務：原來是腰部，那麼佐藤小姐目前針對腰部，有在做什麼運動嗎？
佐藤：沒有，沒做什麼特別的運動……

談話就此中斷了，這裡有什麼地方不妥呢？為了比較，請參考一下理想的示範。

小林：那麼，接下來（從區塊②開始）我將具體提問，並記錄下來。
首先想請教一下，佐藤小姐在意哪個部位呢？
前來體驗瘦身療程的客人，大多是很注重美麗和健康的人，即使幾乎沒什麼地方不滿意，也會在很多選項打勾。在意的部位好比雙下巴、雙臂、腹部……（將諮詢問卷上的選項唸出來）。

我想佐藤小姐應該沒什麼不滿意才對，您覺得呢？

佐藤：不不不，我對很多部位都很在意呢！只是穿上衣服後被遮住了，例如腰部、臀部、大腿，對了，還有雙臂也不滿意。

小林：不會吧！原來是這些地方，真叫人意外。不過佐藤小姐連衣服遮住的地方也想瘦下來，果然相當注重外表的美麗。

看來您在意的部位還不少，如果依序排列，會是怎樣的順序呢？

佐藤：我想想……最在意的應該還是腰部吧。

小林：我了解您的心情，果然還是腰部最令人在意。事實上很多人都會回答最在意腰部喔！

如果佐藤小姐現在針對瘦身有做什麼努力的話，可以請您透露一下嗎？一般人常做的，就是上健身房、瑜伽、慢跑……（將編列

GOOD!

選項唸出來）等。您呢？

佐藤：我現在並沒有特別做些什麼。

小林：原來如此，目前並沒有特別做些什麼呀，那麼過去曾經做過什麼努力嗎？

佐藤：有的，我曾經去過健身房，不過後來退出了。

小林：您退出健身房啦，請問為什麼要退出呢？

佐藤：一開始我很常去，後來因為工作太忙，接連好幾天沒辦法前往；所以覺得去健身房很麻煩，便直接退出了。

小林：我常聽說很多人像佐藤小姐這樣，因為接連好幾天沒辦法去，就開始覺得麻煩了。順便想請問一下，您去了多久的時間呢？

佐藤：大概兩個月吧。

小林：原來如此。嘗試了兩個月，實際的瘦身效果如何呢？

佐藤：我也不太清楚。不過，每週只在星期三、六、日，去個兩次左右，所以看不出成效也無可厚非。

一經比較後，大家就能清楚看出差異了吧！

在不恰當的示範中，並未使用編列在諮詢問卷上的選擇項目，而是請客戶從頭思考。再者，也沒有說明問題的主旨。面對含意不明的提問，客戶當然很難回答。

而理想的示範中，**表現出複述與願意傾聽的態度，還使用了一些溝通技巧，例如不時展現心有同感等反應。**

改變客戶的觀念，消除不安情緒

在區塊②的階段，千萬不可說明或提到商品和服務。

不過，很多業務人員大概是希望客戶快點決定，所以會像下述範例，做出不可取的行為。

NOT GOOD!

業務：原來如此，如果無法親身感受到效果，當然無法持之以恆。今天要請佐藤小姐體驗的瘦身療程，可以讓您親身感受到效果喔！我們一開始會先進行〇〇，這是日本首次引進的機器。具備完美的□□和△△功能，效果非常驚人。

因此，有很多客人都會持續來接受療程喔！如果每週可以做個兩次的話，就能看出明顯的效果，所以請您一定要來試試看。

佐藤：好……。

接著請看看優秀的範例。

GOOD!

小林：原來如此。您看不出什麼效果呀，那真叫人遺憾。您說的沒錯，每週只訓練兩次，或許很難看出成效。如果每週訓練兩次，就能感覺到明顯的效果，或許不管再忙，也會開心地上健身房了。

佐藤：沒錯。如果有效果的話，說不定就能開心地堅持下去了。

過去曾有失敗經驗的客戶，在下決定時，一定會擔心這次會不會又是相同的結果。這種時候，客心內心通常會懷抱著「忙碌↓麻煩↓無法堅持」的不安因素。因此，必須改變客戶的觀念，讓他們覺得「無論再忙，只要親身感受到效果，就能開心地來接受療程」。

面對客戶必須採取肯定的話語

不否定客戶的錯誤，找出能加以讚美之處，此乃一大鐵則，但是大家往往很容易說出如同下述示範的錯誤對話。

NOT GOOD!

業務：那麼，接下來是飲食的部分，如果佐藤小姐有採取任何飲食瘦身的方法，可以請您告訴我嗎？例如瘦身食品、單一瘦身食品……（將編列選項唸出來）等，另外還有許多飲食瘦身方法，請問您有在執行嗎？

佐藤：沒有，我在飲食方面沒有特別做些什麼。我最喜歡下廚和吃東西了，所以總是不知不覺吃得太多。

業務：原來如此。不過想要瘦身成功，最重要的還是不能吃太多喔！當攝取的熱量高於消耗的熱量，就會因熱量過多而變胖……。

佐藤：我明白，我知道這個道理。雖然明白，但還是會吃太多。

客戶也了解吃太多對瘦身不利，如果一再否定對方，客戶的內心將會逐漸封閉起來。

無論是誰，應該都不喜歡被人否定吧，以客戶的立場來看更是如此。

切記不去否定客戶所說的話，是非常重要的一件事。

以前我在某家沙龍接受諮詢時，就曾感覺遭受對方否定。先向大家說聲抱歉，接下來的話題難登大雅之堂。

當時對方問我：「您有便祕的困擾嗎？」

「嗯……我覺得不算便祕，因為我每個禮拜都會大一次。」

「唉呀，那就是便祕啦！」

我自己並不覺得特別難受，所以才會回答應該不算是便祕，但是在專家眼中，不管會不會難受，便祕就是便祕。只是我感覺到自己完全被否定了。

「否定一個人」這種事情，會變成一種習慣。如果你否定了一件事，就會否定更多的事情。

果然不出所料，接下來每次回答問題時，對方都會出現否定的反應，使人不斷衍生「我就是很糟糕」的心情，最後甚至連認真回答的心情都沒有了。

若能改用下述方式，取代「唉呀，那就是便祕啦！」這句話，當時我就不會感覺被人否定了。

「原來如此，這樣您不會感覺難受嗎？」

「不會，並不會感覺難受。」

「那真是太好了！只是可以請您稍微回想一天的食量嗎？如果這些食物待在您肚子裡一週的話，不會覺得不妥當嗎？」

「你說的有道理。」

「倘若考量到一天的食量，您認為多久上一次廁所比較好呢？」

「最好每天上廁所，不然至少兩天上一次，對吧？」

「沒錯，就是這樣。所以……」

提出「那真是太好了！」這句話，也是重點所在，我將此稱作「太好了大作戰」。在各式各樣的場合皆可運用，因為很少有人會討厭被人稱讚「太好了」。

此外，**要引導對方發現問題，再用「就是這樣」的肯定話語來結尾**。這點也很重要。

我在某次研討會中提及這段經驗，現場有名學員問我：「就算硬生生吞下『那不就是便祕嘛！』這句話，但聽到有人一週只上一次大號，多少會感到驚訝，出現皺眉頭的反射性動作，難道這種反應也得忍下來嗎？」

不自覺地作出反應也是無可厚非，凡事不為所動的人雖然可靠，但是反過來說，也會讓人覺得缺少人情味。

其實，只要不說出太過直接的話就行了。一旦臉上不小心表現出來時，可以老實地接著說：「不好意思，因為很少遇到這種案例，所以我有點驚訝。」

以下來看看可取的對話範例。

GOOD!

小林：原來如此，您的興趣也是下廚呀！我了解美味的食物會讓人不知不覺吃太多，再加上佐藤小姐看起來就很會做菜。有些人靠單一食品瘦身，這類錯誤的飲食法，反而會讓體質變得很難瘦下來。這樣想想，或許您沒有執行錯誤的飲食瘦身方法，也是一件好事。

佐藤：聽你這麼說，讓我稍微鬆了一口氣。不過我想今後還是得注意。

小林：沒錯。想要瘦身成功，最重要的還是飲食。有關佐藤小姐今後的飲食，我們待會兒再一起來討論看看。

佐藤：好的，麻煩你了。

透過稱讚客戶「沒有做錯的事情」，對方就會打開心房，也能製造機會讓客戶認真反省，並且下定決心一起朝向目標前進。

只是如何找出可以讚美的事情，以及如何讚美是很困難的一件事。

在專家眼中看來，客戶往往都在做些不合理的行為。以妙鼻貼為例，頻繁使用的話，會帶給肌膚強烈刺激，並無益處，不過卻有人每天都在使用。

不能否定客戶的行為，理由誠如前文所述，但要說出讚美的話語，該如何表達才好呢？

這時可以回應客戶：「您每天持之以恆，這可不是容易的事呢！」像這樣讚美對方一直在做的事就行了。

以提問追加具體範例的方式詢問

了解造成問題的間接原因時，應格外注意避免向客戶「審問」（在其他情況下也是一樣），而且必須向對方正確傳達提問的「意圖」。

類似下述這種不恰當的對話範例，未表明提問的意圖，就會讓客戶出現被審問的感覺。

NOT GOOD!

業務：佐藤小姐，您最近容易疲勞嗎？

佐藤：不會。

業務：早上會爬不起來嗎？

佐藤：會。

業務：會畏冷嗎？

佐藤：不會。

業務：經常焦躁不安嗎？

佐藤：……。

接二連三地提問，客戶就像是被拷問一般。此時只要舉出具體的例子，就不會給人審問的印象，也能避免帶給對方這種感覺。

接著，來看看理想的對話示範。

小林：那麼，接下來的提問會一百八十度大轉變，想稍微請教佐藤小姐在健康及生活型態方面的事情。

首先，想請教您最近會不會感覺「容易疲勞」呢？舉例來說，上街買東西時，喝東西的次數是否增加了？

GOOD!

佐藤：沒錯沒錯！聽你這麼一說，確實如此，我喝東西的次數算是很頻繁。以前明明不會這樣的……，我好像變得很容易疲勞。

小林：沒錯，您可能比過去變得更容易疲勞了（在問卷上打勾）。那麼，下一個問題是……

提問的意圖，是想了解客戶實際上是否容易感覺疲勞。

光是問客戶「最近容易疲勞嗎？」如果碰巧對方情緒敏感的話，有時就會陷入深思，不確定自己的狀況如何。

因此可以加上「舉例來說，上街買東西時，喝東西的次數是否增加了？」**只要加上具體的例子來詢問，說不定對方就會聯想到某些狀況了**。例如，自己並不會感覺特別疲勞，但是仔細想想，之前上街買東西時，竟然喝了四次飲料。以客觀的角度來看，可能就是感覺疲勞了。

依照這種方式，就能正確告知提問的意圖，讓客戶發現問題所在。

想要正確傳達提問的意圖，避免審問的情形發生，最有效的方式，就是提問時加上「具體舉例」的詢問模式。

讓客戶自動發現「原因」所在

了解問題的間接原因時，除了應避免「審問」的方式，最重要的，就是讓客戶能夠發現「原因」出在自己身上。

在下述案例中，業務直接將「原因」全部講出來，而這種做法並不恰當。

業務：佐藤小姐，在請教您有關健康和生活型態方面的事情之後，果然找到不少令人擔心的地方。

佐藤小姐不容易瘦下來的肥胖原因，從健康方面而言，就是「容易疲勞、畏冷」，另外在飲食習慣上，「三餐不規律、外食多、

NOT GOOD!

常喝酒」等也都有影響。事實上，改善這些生活習慣，是非常重要的一件事喔！我們會努力協助佐藤小姐改變生活習慣，請放心交給我們吧！

佐藤：但是你說有很多令人擔心的地方，感覺過程好像會很辛苦呢！

由於並不是客戶本人有所自覺，所以只會突顯過程將有多麼辛苦，進而削減其意願。

如果採取接下來的良好示範來進行對話，就會比較理想。

小林：剛才已經向佐藤小姐請教了關於健康和生活型態方面的事情了。不容易瘦下來、造成肥胖的原因，也會與健康狀態、飲食習慣、壓力、運動狀況有所關聯。剛才回答問題的過程中，佐藤小姐有

GOOD!

沒有發現什麼重點呢？

佐藤：我想想。就是我明明不太會感冒，自認身體健康，但是像這樣試著列舉出來後，感覺我的健康好像不太理想呢。讓我覺得應該要更留意自己的身體才行了。

小林：沒錯，請您留意自己的身體健康。不過幸好佐藤小姐現在已經發現這點了。如果一直保持現在的生活習慣，五年、十年後，您認為會怎樣呢？可以請您稍微想像一下嗎？

佐藤：唉呀，還真叫人害怕。我不太敢想像呢！

小林：我想也是，我也不太敢想像。想改變長久以來的習慣，或開始做些新嘗試，都是需要一點勇氣的。為了讓佐藤小姐將來更加閃耀動人，請您藉由今天的機會，往前邁進一步就行了。今天您能來預約，我真的覺得太好了。

佐藤：真的！幸好我來了。

由於客戶已經發現「原因」出在自己身上，而且也很認同，如此才會容易接納業務的意見或提案。

區塊②經常出現的重大錯誤

在區塊②的階段，有一個經常出現的重大錯誤，那就是在這個時機點，進行商品或服務的說明及提案。

假設有一位客戶，在一次的購物行程中就喝了四次飲料，而客人本身已經發現「自己好像相當疲勞的樣子」。

此時，有些工作人員便會不自覺地、接二連三提出建議，例如說：「就是這樣。

就我推斷，應該是血液循環不良，本店正好有獨家療程，而且只需要每週做一次。另外，還有改善血液循環的茶飲，這是由二十五種藥草調製而成，每天早上、中午、睡前各喝一次，接下來……」

以上是絕對禁止的行為，因為會變成推銷商品或服務的說明會。客戶會覺得「這個人就是想賣東西，所以才會聽我說話」。如此一來，不僅不會打開心房，反而還會封閉起來。

如果重覆著「探聽出問題和課題後便提案」的流程，客戶就不願意再說出來，因為認為自己會一直被推薦某些產品。

反觀不提案，單純將注意力集中在探聽問題和課題上，就能問出許多訊息。

總之，在這個階段請專心地探詢問題和課題。雖然難免會不時出現想提案的衝動，但是請使勁地耐住性子，絕對不可以這麼做。

通常精通業務技巧後，總會在聆聽客戶說話時，不自覺地思索如何提案。知識和經驗愈豐富的人，愈具有這種傾向。

但是當你正在思考如何提案時，這種意識就會存在於自己的腦海中，而無法聽進客戶的話。這是大腦的機制，無法讓聆聽客戶說話的「知覺功能」，與思索提案的「判斷功能」同時動作的緣故。

在諮詢問卷中，會將「詢問」與「提案」區分成不同區塊，如此才能好好地專心聆聽客戶說話。

接下來在區塊③中，會請客戶想像夢想及目標，譬如「瘦身成功後想做什麼事？」最後再於區塊④

圖六　區塊②常見的重大錯誤

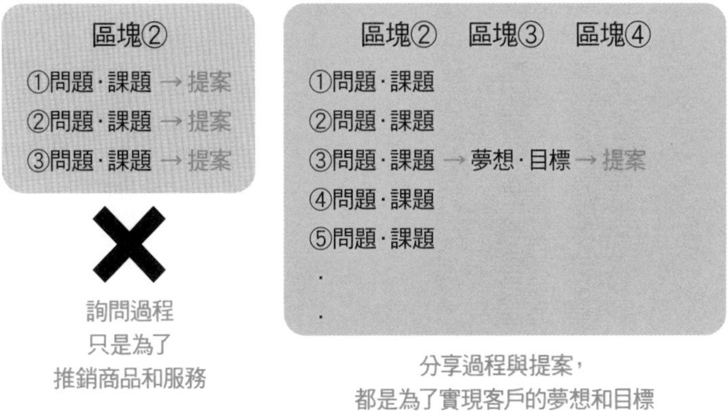

中加以彙整（短期、中期、長期等各式計畫）並提案。

這樣一來，詢問過程就不只是在推銷商品和服務，而會變成實現客戶夢想與目標的分享過程（諮詢），所以客戶當然願意據實以告，對你的印象也會完全改善。

如果詢問過程只是為了提案，將變成「這個人因為想賣東西給我，所以才會做這些諮詢」，如果是為了實現客戶夢想和目標的分享過程，就能帶給客戶「這個人真的為我著想」、「這個人真專業」的印象（參閱圖六）。

區塊②總整理

■身材比例、瘦身方面
在意的部位？ □雙下巴 □雙臂 □腹部 □腰部 □臀部 □大腿 □小腿肚 □其他（ ）
目前針對在意的部位正在進行的努力、過去曾經做過的努力（△）
・相關運動 □健身房［ ］ □瑜珈［ ］ □跑步［ ］ □健走〔 〕 □其他（ ）［ ］
（期間： 金額：每月 圓）
・相關飲食 □瘦身食品［ ］ □單一瘦身食品（香蕉、蛋等等 ）［ ］ □其他（ ）［ ］
（期間： 金額：每月 圓）
・其他 □診所［ ］ □護膚沙龍［ ］ □瘦身衣［ ］ □其他（ ）［ ］
（期間： 金額：每月 圓）
成效如何？
A：馬上看出成效 B：不太明顯，沒有改變 C：比以前更差

■健康、生活型態方面

□容易疲勞	□生理痛（重度、輕度、無）	・睡眠（規律、不規律）	・每日步行時間（ ）分
□早上爬不起來	□生理週期（規則、不規則）	・睡眠時間（ ： ～ ： ）	・定期運動（有、沒有）（ ）
□畏冷（手、腳）	□懷孕中	・入睡情形（良好、不佳）	・（站著工作、坐著工作）
□經常焦燥不安	□排便（ 日 次）	・睡眠（深、淺）	・PC 作業 1天（ ）小時
□容易感到壓力	□排尿（ 1 日 次）	・作夢（經常、偶而、從不）	
□腸胃不佳	□腰痛	・上班時間（規則、不規則）	

【目的】
傾注全力『聆聽』客戶說話

【問卷內的提問重點】
◎列舉藉由提供的商品或服務，所解決的問題和課題
◎讓客戶明白問題或課題的間接原因

【對話的重點】
◎唸出問卷內的選項，方便客戶回答
◎不說明或提及商品和服務
◎不否定客戶的錯誤
◎避免像審問一樣，應以提問追加具體範例的方式詢問

區塊③—「想像光明前景」的理想區

區塊③「想像光明前景」的理想區，這部分等同於諮詢銷售「想像利益與可能性」此一步驟。

這個步驟會依據在區塊②「提高探詢能力」分享過程所得知的事情，讓客戶對商品及服務的優點抱持期待，提高付諸行動的意願。這裡有兩個重點：

①透過提問方式宣傳自家公司特色和主力商品

誠如前文反覆提醒的重點，藉由「說明」的形式，向客戶宣傳商品和服務的優點，一定會招致反感。究竟該如何讓客戶真心接受呢？

最有效的技巧，就是用提問的方式來傳達，而非說明。

比方說，在範例的瘦身問卷中，就有「是否了解因為基因不同，所以能夠瘦下來的效果不同？」這麼一道問題。

假設瘦身療程中最重要的宣傳重點，就是分析基因類型，向客戶提出不同基因類型的療程。一旦開門見山地說明，客戶就會感覺「被推銷」。

若是向客戶提問，對方會反問「這是什麼意思？」而想進一步了解。

於是，客戶會有所期待，明白「之所以提出這個問題，就是因為瘦身療程若搭配個人的基因類型，就能看出效果」，如此便可達到宣傳的效果了。

所以，在提問與回答的溝通過程中，切記要將「期待感」灌輸到客戶的潛意識當中。

②請客戶想像問題和課題解決後的未來遠景

在這個部分，為了讓客戶湧現購買商品後的未來遠景，應詢問其首要目標與間接目的。

這點也非常重要。**客戶若無法對未來遠景充滿期待，就不會付錢購買商品或服務。**相反地，對未來遠景充滿期待的話，就會迫切想要獲得商品及服務。能否成功簽約，完全取決於這個步驟。

範例中提到「三個月、六個月、一年後……希望呈現怎樣的身材狀態？」就是要讓客戶橫跨三個階段來想像。依照此順序追問，會比突然詢問一年後的狀態，更容易聯想出答案。

也能夾雜具體數字來提問，類似「一年後您就○○歲了，您希望變成怎樣呢？」這樣的問題，會讓客戶更容易進入想像。

諮詢問卷

■ 誠心感謝您的來店。本店十分重視每一位客人的意見，以期達到最大成效，請放心由我們來為您服務。麻煩您協助回答下述問題。

填寫日期 20 年 月 日 負責人：

姓名： 血型：	出生年月日：19 年 月 日（ ）歲
住所：	電話：
	電子信箱：

職業：上班族、公務員、護理師、針灸師、美容師、治療師、教師、模特兒、藝人、媒體人、自營業主、兼職人員、家庭主婦、其他（ ）

興趣：旅行、運動、電影、閱讀、音樂、料理（ ）

得知本店的途徑：朋友介紹（介紹人： ）、雜誌（ ）、TV、HP、SNS、其他（ ）

① 透過提問方式宣傳自家公司特色和主力商品

・在回答問題的過程中，將「期待感」灌輸到客戶的潛意識中。

② 讓客戶想像問題和課題解決後的未來遠景

・〇〇的自己

・〇〇的生活

・〇〇的工作等

↓

了解客戶真正的需求，提高付諸行動的意願。

□容易感到壓力 □排尿（ 1 日 次） ・作夢（經常 …不） ・PC 作業 1天（ ）小時

□腸胃不佳 □腰痛 ・上班時間 …不規則）

區塊③

① ■〇〇〇〇方法

・是否了解因為基因不同，所以能夠瘦下來的效果不同？（YES・NO）

・是否了解自己的基因類型？（YES・NO）

② ■目標、理想的身材（3 個月後、6 個月後、1 年後……）希望呈現怎樣的身材狀態？

■目的：實現目標、理想的身材後想做什麼事？如何進行？

■瘦身計畫

●短期計畫 ●中期計畫 ●長期計畫

■居家瘦身保健建議

●運動 ●飲食 ●健康、生活型態

■ 後續追蹤

・電子郵件：YES・NO （ ）

・3 天後： 〃 ： ～ ：

到目前為止，都是請客戶想像直接的效果，但不僅如此，**應該擴大範圍繼續提問，這些問題就是在探詢其間接目的**。

問卷範例中列出「實現目標、理想的身材後想做什麼事？如何進行？」這樣一道問題。

「讓自己有自信，可以在工作上更有成就。」

「想和現在交往的男朋友步入禮堂。」

當客戶說出這些答案後，問卷便大功告成了。因為這就是客戶付錢，想要實現的真正願望和購買動機。

尤其是美容針灸店、護膚沙龍、健身房這類需要到店接受服務的店家，若是缺乏付諸行動的意願，便無法堅持下去，所以這類提問非常重要。

如果是由擅長銷售業務的人，負責探詢客戶的目標及目的，不必任何提醒，他也懂得該怎麼做。反觀不擅長銷售業務的人，就無法完成這類的提問，所以最好編列在問卷上。

如同目前大家所了解的，進行諮詢銷售時，即使在「想像利益與可能性」此一步驟，也不能提到商品或服務。應藉由提問的模式，讓客戶自行想像。

這樣一來，就不會變成「推銷」，而是形成客戶自行選擇的方式，提高客戶的接受度。

【區塊③】的對話範例與解說

開啟客戶「聆聽」的開關

在區塊③會以提問的模式，展示各家商品和服務的內容。客戶在閱讀這些提問項目的過程中，便能漸漸浮現下述感想。

「原來他們的療程這麼厲害！」

「店裡居然有這麼棒的技術！」

「雖然是第一次聽說，但似乎很有趣。」

「好像可以學到很多東西呢！」

這樣一來，就會激發客戶期待的感覺，（在區塊④的步驟）讓人想聽聽看你的提案。

這種「讓客戶想聽聽看」的感覺，是相當重要的關鍵。

此時，才能開始說明商品和服務。當客戶還不想聽的時候，千萬不要進行說明——這不但合理，也十分重要（大家很容易忘記這點，所以要事先強調）。

總歸一句話，透過諮詢問卷可以取代商品或服務的說明過程，不著痕跡地傳達其優點及效用。也就是說，藉由提問項目，以暗示的方式來宣傳。

雖然是透過提問加以宣傳，但需注意別採用下述不當的對話示範。

業務：那麼，接下來想請教佐藤小姐是否了解本店的獨特手法，首先想請問您知道基因類型不同，會影響瘦身的效果嗎？

NOT GOOD!

佐藤：不知道，沒聽說過。

業務：沒錯，很多人都不知道喔！那麼請問您知道基因類型嗎？

佐藤：不，我不知道……。

如果一再被詢問自己不知道的事情，只會令人感到困擾。其次，來看看可取的範例。

小林：目前已經請教佐藤小姐許多問題，例如在意的身材部位等，非常感謝您的回答。接下來想請教一些有關本店特色的問題。首先第一個問題，就是目前還鮮為人知的知識，佐藤小姐知道基因類型不同，會影響瘦身效果嗎？

佐藤：不知道，沒聽說過。瘦身效果會因為基因類型而出現差異嗎？

GOOD!

小林： 是的，就是這樣。瘦身效果會因為基因類型而出現差異。

過去我曾經協助許多人瘦身，發現雖然是同一種療程，有些人瘦得下來，有些人卻瘦不下來，但是當時仍不清楚原因為何。（過去的自己）

當我想設計更有效的瘦身療程時，剛好聽說有不同基因類型的瘦身療程。（契機）

聽完說明後，才了解「為什麼某位客戶總是瘦不下來的原因」，同時也感嘆「要是早點知道，就能讓效果更快顯現了」。（優點）

自此以來，我都會努力提供適合客戶類型的療程，讓客戶更快速、更確實地看出成果，而能感到滿意。（今後的遠景與決心）

我想佐藤小姐一定也很想「快點了解這種療程」吧！

佐藤： 對呀，你說的沒錯，我也很想快點了解。

小林：我就知道。請容我晚一點再詳細說明，敬請期待！

此處利用提問，成功讓客戶對「搭配基因類型的瘦身療程」抱持興趣。

諮詢問卷的整體概念，必須讓客戶具有更遠大的目標，並且不時加強印象。尤其是在區塊③裡，也就是藉由提問項目宣傳的部分，請視客戶的反應，逐步加強其印象。

在其他業界，還可參考下述提問項目。

致力預防的「牙科診所」

- 您知道牙齒共有四種功用嗎？　（YES／NO）
  ①咬碎食物　②協助發音　③調整臉型　④促進健康
- 您知道造成蛀牙的原因嗎？　（YES／NO）
- 目前您有自信能夠正確預防蛀牙嗎？　（YES／NO）

協助瘦身的「健身房」

● 您知道瘦身期間不需要每天運動嗎？（YES／NO）

● 您知道正確鍛練肌肉應具備三大要素嗎？（YES／NO）

①肌肉鍛練的強度　②補充營養　③讓肌肉休息

● 您知道哪些鍛練方法適合自己的體質嗎？（YES／NO）

重視人生規畫的「保險業務」

● 您知道政府推動的社會保險有哪些嗎？（YES／NO）

①遺屬年金　②殘障年金　③全民健康保險　④先進醫療　⑤生產育兒津貼

⑥看護……

● 您有為自己的未來生活安排人生規畫嗎？（YES／NO）

建議正確護膚方式的「化妝品銷售店」

- 您知道錯誤的護膚方式會加速肌膚老化嗎？（YES／NO）
- 您有自信能做到適合目前肌膚狀態的護膚方式嗎？（YES／NO）

大家是否發現，自我介紹階段所使用的「四步驟經驗談」，在這裡也能夠加以活用。

針對商品或理論進行說明時，最重要的就是讓客戶感興趣，主動想要聆聽。為了讓客戶感興趣，最有效的手法就是四步驟經驗談。

將你發現這項商品或理論時的感動傳達給客戶，對方就會感興趣，進而「提問」。千萬不要自顧自地說明，最好以一問一答的方式，才能提高客戶的接受度。

如何問出客戶的目標和目的？

區塊③的終極目標，就是問出客戶的目標和目的，然後連結到區塊④的提案。

現在先來看看優秀的示範，同時向大家說明對話裡使用了哪些「技巧」。

GOOD!

小林：那麼，接下來還有兩個問題。

首先，想請問佐藤小姐，可否具體描述一下想要達成的理想身材。畢竟想要瘦身的人，能夠先設定目標再來努力的話，所呈現的效果也會不同。姑且不論您要不要來本店接受療程，為了讓佐藤小姐瘦身成功，我想請教您一些事情，再與佐藤小姐一起找出您的目標。

第一步應該做的，就是在開始提問之前，說明為何要提問。

藉由「設定時間」進行想像

GOOD!

小林：那麼請佐藤小姐先想像一下，大約三個月後，當您實現怎樣的身材會感到開心呢？

佐藤：我想想，三個月後嗎？如果最在意的腰部瘦下來的話，我覺得我會很開心。

小林：只要腰部瘦下來就會開心呀，讓腰部小一號這種瘦身效果，也是最容易感覺到的部分。請讓我協助您實現理想的尺寸。那麼，我們將時間設定在半年後如何？剛好趕得上聖誕節。

佐藤：真的剛好趕得上呢，如果能在聖誕節穿上一身美麗的洋裝，那就太好了！

小林：哇！真的不錯呢。您有想過要穿什麼造型的洋裝嗎？

佐藤：我想想……。我想穿簡單又有型、充滿女人味的洋裝。

小林：啊，真不錯呢！有型又有女人味的洋裝。佐藤小姐身高夠高，感覺真的很適合。

佐藤：是嗎？不過在那之前，我得好好努力才行了。

小林：您說的沒錯。我們一起好好努力，在今年的聖誕節挑戰充滿女人味的洋裝吧！請讓我陪您一起加油。

設定一個具體的時間，例如三個月或半年後，再請客戶想像屆時希望達成目標之遠景。而且要記住，像是「半年後會趕上聖誕節」等，**使用這類能夠喚起印象的語言也很重要。**

藉由「名人」觸發客戶的想像

GOOD!

小林：您能稍微想像一年後的目標嗎？

佐藤：嗯……。

小林：話說回來，突然問您「目標是什麼」，您應該會腦袋一片空白。不如打個比喻，佐藤小姐理想中的身材，是類似哪位藝人呢？

佐藤：藝人嗎？我想想，應該是〇〇〇吧。

小林：您說的沒錯，〇〇〇身材真的很好。假設這是您理想中的身材，那麼具體而言，哪些部位您最滿意呢？

佐藤：這個嘛，應該是她明明□□，卻很△△的部位吧。

小林：原來如此！如果一年後您的身材可以像〇〇〇小姐這麼理想的話，您應該會很開心對吧！

請客戶預設一個目標，對方卻想不出答案時，便可請客戶具體想像某位知名人士的形象，這樣會比較容易設定出目標。

讓客戶放大「幻想」的格局

GOOD!

小林：接下來請教您第二個問題，如果佐藤小姐達成目標、腰部能夠瘦下來，使身材像○○○小姐一樣的話，您想做些什麼事情呢？要不要一起來「幻想」看看，比方說想做什麼事情、想去什麼地方、想過怎樣的生活……，透過這些想像讓自己充滿期待呢？

例如，如果瘦下來的話，會想穿某類型的衣服。而且瘦下來之後，褲子的線條一定會變得很好看。再加上佐藤小姐的身高夠高，所以我覺得您一定能像模特兒般，把褲子穿得很有型。

就像對話裡，為了讓客戶放大「幻想」的格局，因此不斷地列舉具體的提示。

聊聊其他客戶的案例，也有助於激發客戶的「幻想」。而且舉例愈是出人意表，愈能看出效果。

下述是實際發生的對話。當時有種商品能夠改善身材，於是我詢問客戶：「如果身材變好了，您想穿什麼類型的泳裝呢？」

「我想穿比基尼，而且還是鮮紅色的。」

「好像很不錯呢，那麼您想到哪裡去呢？」

「我想去杜拜！」

「杜拜，不錯耶！您去杜拜想做什麼呢？」

「我要去和石油王邂逅。」（接著也要繼續幻想下去，此處容我省略。）

很有趣吧！每當我在研習會或演講提到這個案例時，場內都會一陣爆笑。能引發期待雀躍的感覺，這就是「幻想」的好處。

只要向客戶談論這種範例，就能引導他出現「對耶，這樣也不錯」、「原來可以朝這種方向思考」的想法。客戶就能掙脫腦海中的框架限制，開始進行五花八門的幻想，心情自然也會感到愉悅且充滿期待。

此時，你便能趁勢激勵客戶：「哇！原來○小姐想做那種事情呀！不過好像很有趣，要是能夠實現就太好了！真的很棒呢！」

善用過去客戶的「經驗談」

有些客戶並不擅長「幻想」，此時，其他類似客戶的「四步驟經驗談」，就能用來穿針引線，提示客戶去思考目標何在。

佐藤：我好像不太會「幻想」。

小林：一般人都不太會這麼做。

事實上我們店裡有位客戶像佐藤小姐一樣，她來這裡之前雖然去過健身房，卻無法持之以恆。（過去的客戶）

GOOD!

一開始她也非常擔心能不能看出效果，或是能不能堅持下去。但是不去嘗試的話，就不知道結果如何，於是她便毅然地決定要試試看。（契機）

她應該正好花了一年的時間，除了瘦下來之外，過去很難改變的生活習慣也都改過來了，讓她非常開心。（優點）

她還和我說，「交到很棒的男朋友了！」於是更努力地改善身材。我也感到很開心，協助她瘦身時，不知不覺間也充滿幹勁。（今後的遠景與決心）

假使佐藤小姐突然靈光乍現，心裡出現任何「想法」時，請您告訴我喔！

佐藤：「很棒的男朋友」呀，真好！老實說，我去聯誼時都沒有自信，所以一點都不積極，總會回絕聯誼邀約。與其說想要在聯誼時如魚得水，我更想讓自己的個性變得積極一些。

區塊③總整理

■○○○○方法
・是否了解因為基因不同，所以能夠瘦下來的效果不同？（YES・NO）
・是否了解自己的基因類型？（YES・NO）

■目標、理想的身材（3個月後、6個月後、1年後……）希望呈現怎樣的身材狀態？
■目的：實現目標、理想的身材後想做什麼事？如何進行？

【目的】
請客戶想像令人期待雀躍的未來遠景

【問卷內的提問重點】
◎透過提問方式宣傳自家公司特色和主力商品
◎請客戶預想問題或課題解決後的未來遠景

【對話的重點】
◎不推銷商品和服務，讓客戶心生想要詢問的念頭
◎為了具體問出目的和目標
①請客戶藉由「設定時間」進行想像
②藉由「名人」觸發客戶的想像
③讓客戶放大「幻想」的格局
◎介紹之前的客戶案例

區塊④「實現夢想和目標」的提案區

最後要討論區塊④「實現夢想・目標」的提案區，這部分等同於諮詢銷售的「展開（成交）」步驟。

這裡會連結至具體提案，進而簽約，以實現在區塊③探聽到的客戶目標和目的，需注意以下兩個重點：

①具體提出實現客戶夢想和目標的建議

由於已經掌握客戶的直接目標，因此可以專家的身分具體提案。

提供建議時，應提出「現在或今日」等目前可行的提案，以及「今晚、明天及三天、三週或三個月後」等未來可行的提案。切記應明確訂出時間，並想像屆時的情景。

另外，要向客戶提議應該配合的事情。這個部分也很重要，因為想要達成目標，客戶必須努力才行。

無論護膚或瘦身，甚至是經營輔導也一樣，在「諮詢銷售」最見效的行業裡，除了需要專家付出努力，也需要客戶付諸行動才行。在這些行動當中，也包含購買昂貴商品時的付款計畫。

而詢問出間接目的，在區塊③這個階段也能有效提高行動意願。

倘若客戶無法想像令人期待的未來遠景，就會覺得付諸行動很麻煩，因而難以進行到簽約這一步。

在區塊④這部分，會提案以實現客戶的夢想和目標。因此，首先要告知客戶這一連串的演變。

告知的目的，是為了讓客戶充滿期待，相信真的得以實現，進而讓客戶實際付諸行動。為了組織出演變的情況，應與客戶站在同一角度審視區塊③，確立夢想與目標。

「〇小姐，您說等腰部瘦下來後，會換上您喜歡的連身洋裝，更積極地投入工作與感情中，這還真叫人期待呢！」

像上述這段對話，必須確認區塊③客戶的具體目標（解決課題）與目的（希望實現的夢想）。

其次，要督促客戶下定決心，因此可以順便加上這幾句話：

「一定要付諸行動！」

「絕對要達成目標！」

諮詢問卷

■ 誠心感謝您的來店。本店十分重視每一位客人的意見，以期達到最大成效，請放心由我們來為您服務。麻煩您協助回答下述問題。

填寫日期 20　年　月　日 負責人：

姓名：　　　血型：	出生年月日：19　年　月　日（　）歲
住址：	電話：
	電子信箱：

職業：上班族、公務員、護理師、針灸師、美容師、治療師、教師、模特兒、藝人、媒體人、自營業主、兼職人員、家庭主婦、其他（　）

興趣：旅行、運動、電影、閱讀、音樂、料理（　）

得知本店的途徑：朋友介紹（介紹人：　）、雜誌（　）、TV、HP、SNS、其他（　）

您所提供的個人資料將於日後為您提供商品及服務之相關資訊，不會用於其他用途。

■身材比例、瘦身方面

在意的部位？ □雙下巴 □雙臂 □腹部 □腰部 □臀部 □大腿 □小腿肚 □其他（　）

目前針對在意的部位正在進行的努力、過去曾經做過的努力（△）

・相關運動 □健身房［ ］ □瑜珈［ ］ □跑步［ ］ □健走［ ］ □其他（　）［ ］
（期間：　金額：每月　圓）

・相關飲食 □瘦身食品［ ］ □單一瘦身食品（香蕉、蛋等等　）［ ］ □其他（　）［ ］
（期間：　金額：每月　圓）

・其他 □診所［ ］ □護膚沙龍［ ］ □瘦身衣［ ］ □其他（　）［ ］
（期間：　金額：每月　圓）

成效如何？

A：馬上看出成效　B：不太明顯，沒有改變　C：比以前更差

① 具體提出客戶得以實現夢想和目標的建議

・目前可行的提案（現在、今日）

・未來可行的提案（今晚、明天、三天後、三週後、三個月後）

A：專家要做的事情、提供的商品或服務

B：客戶要做的事情

② 設定後續追蹤

區塊④

①

■瘦身計畫

●短期計畫　●中期計畫　●長期計畫

■居家瘦身保健建議

●運動　●飲食　●健康、生活型態

②

■後續追蹤

・電子郵件：YES・NO（　）

・3 天後：　〃　：　～　：

之後再回顧一下，歷經短期、中期、長期這三個階段，當目標達成後出現什麼轉變。

比方說，「三個月後達到理想的腰圍尺寸，半年後雙臂也變緊實了，一年後找回二十幾歲時的身材……」

經由前面這一連串演變的說明之後，客戶的期待已經到達巔峰。此時要具體指示該如何付諸行動，也就是所謂的「成交」（我稱之為「展開」，原因誠如前文所述）。

從現在開始，要向客戶說明緊接著要進行的事項、報名方式和付款方式等。

過去業務人員必須耗時費力，才得以成交，但是利用諮詢問卷進行諮詢銷售時，由於客戶已經躍躍欲試，因此成交時既不費力又省時。

②設定後續追蹤

最後，針對生意談妥後的後續追蹤，具體地明列出來。

我將「成交」稱作「展開」，就是因為具備下述選項的關係。

擅長銷售業務的人，一定會和客戶談好下次的碰面時間（預約）。反觀不擅長的人，就不會想到要順便取得下次的預約。因此，預約的選項，也會事先明列在問卷上。

【區塊④】的對話範例與解說

開啟客戶「聆聽」的開關

以下先來看看不錯的範例。

小林：佐藤小姐，謝謝您回答這麼多的問題。平時您對身材應該不會有這些層面的考量吧？但是這麼做，我才能提供您最有效且最能滿足您的療程規畫。

GOOD!

假使療程能夠符合您的實際需求，而且最重要的是佐藤小姐認為可以達成目標，「擁有如同○○○小姐這樣的身材」的話，請務必從您認為合理的範圍內開始做起。

佐藤：好的，你說的沒錯。

小林：佐藤小姐，擁有如同○○○小姐的理想身材後，您應該不會感到後悔吧？這部分沒有任何問題吧？（笑）

佐藤：當然不會後悔。如果能夠實現，我會很開心。

小林：太好了。

到了這個階段，要慰勞客戶思考這麼多層面的事情，並用一句話總結，以確認客戶的夢想和目標。此外，為了提高客戶的安心感，必須強調最終還是需要在客戶的同意下，從可以接受的範圍內開始做起。若能開開小玩笑，緩和當下的氣氛，這樣會更加理想。

向客戶表明你會是協助他的最佳夥伴

客戶藉由幻想實現目標，心中的期待逐漸高漲，但仍沒有自信能獨力實現。因此要讓客戶明白，你會與他站在同一陣線。

「我真的很想從旁協助您，請務必讓我陪您一起努力，我也會好好加油！」只要說出這麼一句話，就能讓客戶感到安心，同時也能贏得客戶對你的信賴。

進展到此階段，終於要介紹自家公司及療程了。很多人會將這部分擺在最前面，但尚未建立信賴關係時，客戶根本聽不進去，反而還會妨礙信賴關係的建立。

介紹自家公司及療程時，請務必事前準備妥當，將重點歸納出來，再向客戶宣傳，避免長篇大論。

現在來看看可取的示範。

GOOD!

小林：請佐藤小姐給我機會，竭盡所能協助您實現夢想。話說回來，由於佐藤小姐今天是第一次光臨本店，所以請讓我簡單介紹本店（此時應告知客戶，自家公司的理念、主張、設立時間、員工人數、分店數量等，可使客戶感到安心的資訊）。

接下來，再容我介紹一下瘦身療程是屬於哪種類型的療程（介紹療程）。

感覺如何呢？到目前為止，您都能理解嗎？

佐藤：都理解了。

透過提問讓客戶自己「選擇」

諮詢銷售的精髓，在於並非由業務人員單方面決定，然後強迫客戶接受，**最終應該由客戶自己選擇，再承諾客戶會全力協助他們的決定。**

但是，選擇是很困難的一件事，這點已經於第一章開頭解釋過了。因此，如何提問以協助客戶選擇，將成為非常重要的技巧。

切記不能利用一般的模式說明療程，而是要依照客戶的類型來進行。因此可參閱問卷區塊②及區塊③所編列的內容，將療程與目標彙整過後，再提出不需任何花費，便可立即執行的建議。

GOOD!

小林：那麼，接下來由我為佐藤小姐推薦療程。

佐藤小姐最在意的是腰部，目標是像○○○小姐一樣。想要瘦身的重點，則是○○與△△。

具體來說，像這樣子的療程（同時提出短期、中期、長期計畫）是最有效果的。從明天起，請您一早起來就先喝一杯水，刺激腸道積極運作。

佐藤：好的。

小林：今後也會定期為您諮詢，看看是否有成效，同時指導您居家可以進行的瘦身保健方法。

佐藤：好的。

消除金錢以外的不安因素，讓客戶「充滿期待」

消除客戶在金錢以外的不安因素，也相當重要。主要會引起不安的因素，舉凡是否有效果、能不能持之以恆、周遭親友是否反對或阻礙、有無其他更好的作法、是不是有必要現在馬上進行等。

針對這些不安因素，**可利用自己或其他客戶的經驗談，來消除客戶的不安**。因此，需事先依照每項不安因素，準備好過去客戶的成功案例。

接下來，促使客戶充滿期待，擴大他們寫在區塊③的「目標達成時的幸福遠景」。

小林：接下來想請問佐藤小姐，到目前為止，您對瘦身療程有什麼擔心的地方，或是有什麼問題嗎？

佐藤：沒有，沒什麼特別想問的。

小林：那太好了。大部分的人都想試著堅持下去，但是也有很多人反應

GOOD!

會擔心費用的問題。如果先不考慮費用，佐藤小姐想不想堅持下去呢？

佐藤：這個嘛，可以的話，我會想要堅持下去吧……。

小林：除了費用之外，您還有什麼地方感到不安嗎？

佐藤：我想想……。重點還是我的意志力薄弱，很擔心是否能堅持。

小林：原來如此。事實上也有其他客人像您一樣，會擔心這種問題（接著談談其他客戶的成功案例）。

佐藤：真的嗎？如果是這樣，我似乎也能做得到呢！

小林：我也這麼認為！等您擁有如同〇〇〇的身材後，一定會展開一段浪漫的戀情！

佐藤：好令人期待呀！

用假定型語句談論金錢話題

進行到此階段，就要開始進入金錢的話題了。

小林：那麼佐藤小姐，這就是瘦身療程所需的費用。有A、B、C這三種療程。假使您為了擁有如同〇〇〇的身材而努力的話，會從這些服務當中選擇哪項療程呢？

佐藤：我想想……。

小林：順便想請教一下，有關付款方式的部分，如果您想嘗試療程的話，用現金支付比較方便，還是用信用卡分期付款比較方便呢？

佐藤：嗯，可以的話，應該是信用卡分期付款比較好。

小林：信用卡分期付款嘛，如果用信用卡付款的話有（提出A、B、C療程的分期次數與每月付款金額）可以選擇，假設您要開始

GOOD!

接受療程，可讓您放心地來店接受服務的價錢是多少呢？

佐藤：如果每個月五千元左右，我應該可以接受。

小林：這樣我明白了。很多人都是從五千元左右的費用開始接受服務，這樣會比較安心。如果每個月用五千元自我投資，就能擁有如同○○○的身材的話，那就太棒了。

佐藤：對呀。

小林：佐藤小姐，為了實現○○○的身材，我也會盡我所能協助您的，我們一起加油吧！

（握手）

佐藤：好的，請多多指教。

金錢的話題很難端上檯面，但是若以「假使您想試試看的話……」這種假定型的語句來提問，就不會造成客戶精神上的負擔，得以順利進入此話題。而且客戶不會緊閉心房，便能順其自然地探聽其預算（這點很重要）。

客戶對於「被迫購買」這件事，會出現很大的不安，害怕被人以花言巧語哄騙，買了之後才後悔。因此，當你的說話方式讓客戶感覺自己被認定會購買時，或是用「剛才您說要〇〇對吧？」這種與客戶取得口頭約定的態度說話，都很容易讓客戶反感。

因此，最重要的技巧，就是用「如果……的話……」這種假設語氣來表達。

「如果〇小姐在這些服務當中，想要嘗試某幾種的話，您會選擇Ａ、Ｂ、Ｃ三種療程的哪一種呢？」

「假設您要試用的話，會想以什麼方式試用呢？」

採取這種方式來詢問比較恰當。省略「如果」兩個字，直接對客戶說：「〇小姐您想試用看看這個嗎？」對方就會擔心回答「想試用」後，可能被迫購買，而將心房封閉起來。

雙方訂下約定

依照上述作法，雖然得以成交（展開），但客戶回家後，還是有可能改變心意而取消合約。

俗話說「打鐵要趁熱」，銷售業務也是一樣。成交後要馬上趁著「客戶還在熱頭上」時，設定後續追蹤。

尤其重要的一點，就是和客戶訂下容易實現的約定。日後為了讓客戶能努力堅持，每次都要訂下約定。

以下將透過理想範例，說明祕訣所在。

小林：日後我想寄些電子郵件或宣傳文案給您，協助佐藤小姐一步步實現如同○○○的身材，不知道您方不方便？

GOOD!

佐藤：方便。

小林：謝謝您。那麼事不宜遲，從明天開始，要請佐藤小姐早上起床後先喝一杯水。您可以做得到嗎？

佐藤：好的，我會努力試試看。

小林：那就麻煩您了。那麼，有關下次的預約時間，我覺得佐藤小姐若盡可能將今天體驗過後的效果，繼續維持下去的話，這樣最為理想，所以依照您的狀態來看，大約一週過後再來接受療程最好，需要安排在您下班回家時順路過來嗎？還是要安排在休假日比較好呢？

佐藤：下班回家時順路過來比較方便。

小林：那麼要在週一、週二比較好，還是週末比較妥當呢？

佐藤：週末比較妥當。

小林：不如預約下個星期五，您覺得如何呢？

佐藤：星期四比較好。

小林：好的。那就為您預約〇月〇日星期四。時間和今天一樣可以嗎？

佐藤：可以。

依序自然而然地逐步提高約定的門檻，例如過幾天可以與您聯絡嗎？其次是您可以馬上配合不花錢就能執行的生活習慣嗎？再來是下次的預約時間。

此外，安排下次預約時，可使用「二擇一」的提問技巧。

二擇一

想要約定時間的狀況，問對方「下次要約什麼時候？」是最差勁的問法。「如果是Ａ與Ｂ的話，哪一個會比較好呢？」類似這樣的提問方式，就是逐漸縮小選擇範圍的提問方式。

對於很難下決定的人來說，非常見效。也常用於約定下次的預約時間，不擅長安排預約時間的人，請嘗試運用喔！

諮詢問卷各區塊的共同要點為何？

閱讀本書至此，大家感覺如何呢？已經清楚使用諮詢問卷，一步步往成交邁進的概念了嗎？

綜合來看，這四個區塊擁有兩個共同的關鍵要點。

第一個要點就是「不主動說明」，即不推銷。

無論是讓客戶感受到商品和服務的優點，或是讓他們對其效果充滿期待，全都要以提問的方式來進行。

藉由這種方式，哪怕是不擅長行銷話術的員工，也不需要去推銷，因此可以在毫無壓力的狀態下，與客戶談生意。

再者，比起運用行銷話術進行說明，這樣更能提高客戶的接受度。

還有另一個要點，就是將業務高手的一舉一動，事先全部編列在問卷上。

依據我多年的經驗發現，業務高手會順勢完成的動作，包含下述這幾點。

- 讓客戶記住名字
- 提出幾個選項方便客戶選擇
- 提出不花錢也能看出效果的建議
- 聰明宣傳商品和服務的優點與魅力
- 讓客戶幻想購買後，令人期待雀躍的未來遠景
- 安排下次的預約

假使你的店面或公司具有獨門技巧，也請將這些技巧編列於問卷上。

只要編列在問卷上，即使不花成本和時間教育員工，員工也能靠一己之力成交。

所以「助你實現夢想的諮詢問卷」最大的優點之一，就是零成本且不花時間就能培育員工。

區塊④總整理

■瘦身計畫		
●短期計畫	●中期計畫	●長期計畫
■居家瘦身保健建議		
●運動	●飲食	●健康、生活型態
■ 後續追蹤		
・電子郵件：YES・NO （　　　）		
・3天後：　　〃　　：　～　：		

【目的】

具體提案，進而成交

【問卷內的提問重點】

◎具體提出實現客戶夢想和目標的建議

◎設定後續追蹤

【對話的重點】

◎讓客戶知道你和他站在同一陣線

◎透過提問讓客戶自己選擇

◎消除金錢以外的不安因素

◎用假定型語句談論金錢話題

◎利用二擇一等說話技巧訂下約定

第三章

成功銷售的技巧與心得

當初我會提出「助你實現夢想的諮詢問卷」，就是希望透過一張問卷囊括「諮詢銷售」所有流程，讓每個人都能懂得如何運用。

親身執行「諮詢銷售」時，最重要且最困難的事，就是向客戶探聽。因此在這張問卷裡，會事先將預想得到的選項編列其中，用盡各種巧思以期提升詢問的能力。

但在問卷當中，仍有一些重要技巧無法完全展現出來。

本章將彙整這些重要技巧與心得，雖然某些部分已於第二章說明了，不過正好也能順便為各位複習，值得好好研讀一番。

這些內容除了有助於「諮詢銷售」，也能在平日溝通時派上用場，請大家務必學會。

諮詢銷售前的「一分鐘」儀式

進行諮詢銷售之前，有件事需要各位花一分鐘來完成。這短短的「一分鐘」與能否問出客戶的「真心話」和「心聲」息息相關，比談話技巧更加重要。

這件事僅僅需要一分鐘，而且非常簡單。請各位透過視覺、聽覺、觸覺，具體想像下述三個環節。

第一，就是客戶。

第二，就是提供的商品和服務。

第三，就是自己。

有關第一個環節的「客戶」，就是請你想像接待客戶時，對方非常滿意、感動和開心的模樣。

首先，在視覺方面，客戶會出現什麼表情？滿臉笑容、認同、認真，還是會淚流滿面呢？

其次，在聽覺方面，客戶有可能說些什麼呢？具體想像客戶表達時的用詞，例如「感覺神清氣爽」、「非常愉快」、「感覺被療癒了」、「好感動」和「今後也要麻煩你」等。

最後是觸覺方面，試著想像一下，決定與客戶共同朝向夢想和目標努力時，雙方「握手」的情景。

而第二個環節，請依照相同模式，透過視覺、聽覺、觸覺來想像，希望實現客戶夢想和目標時，自己所提供的商品和服務能派上用場的地方。

第三個環節的「自己」，也依照相同模式，透過視覺、聽覺、觸覺來想像，當自己的夢想和目標實現時的情景。

在某些業界，說不定還能透過味覺及嗅覺進行想像。

下面這個故事，是我實際擔任業務時所發生的事。當時我們店長因為住院，需要休養一個月左右。由於店裡的業務工作幾乎靠店長和我包辦，因此業績免不了往下掉。

但是我很不喜歡這種情形，絕對不希望在店長歸隊時聽到他說：「社長怒斥我，為什麼這陣子業績數字會往下掉，整個組織潰不成軍，你究竟在做什麼！」我十分尊敬店長，而且比任何人都敬愛他。

然而，在店長住院休養的情況下，站在現實面考量，「想讓業績不往下掉」實在有難度。我遇上了空前的危機，雖然下定決心要達成目標業績，卻想不出什麼具體作法。

在這種狀態下，我實際活用的技巧，就是諮詢銷售前的一分鐘儀式。

我認為即使致力提升業績，也絕對不能疏忽了「幫助客戶」這個基本理念。結果令人意想不到，就連過去一直認為不會購買療程的客戶，竟然全部簽約了。在諮詢的過程中，可以看出客戶真正需要的服務，聆聽到他們的心聲，這種感覺真的非常不可思議。

在那一個月內，我是如何與客戶應對，老實說，具體的過程我幾乎記不得了。但我敢肯定的是，這段期間我接待了近一倍的客戶，而且全部都與我簽約，最終業績幾乎沒掉多少。

空前的危機，反而變成空前的禮物，並掉到我手上。

徹底地具體想像客戶、商品或服務，還有自己個人的「極度幸福狀態」，就能成為聆聽客戶「真心話」和「心聲」的重要儀式。

請大家務必在諮詢銷售前的一分鐘，試著做看看，肯定能看出成效。

客戶反應冷淡時該如何應對？

面對客戶時，總會遇到這種狀況，有些人能與你相談甚歡、欲罷不能，有些人卻沒來由地話不投機。

有家公司與我簽署定期輔導的合約，這家公司的一名新員工向我問道：

「我已經自我介紹了，也試著向客戶攀談，想要找出共同的話題，但是對方根本就不看我，頭一直低著，聲音也非常小。面對毫無反應的客戶，該如何是好呢？」

「這時候，你有什麼感覺呢？」

「我已經束手無策，覺得沒辦法再談下去，只好照著手冊自顧自地唸著，心想應該比急著問他問題來得好。當然，最後也沒能簽訂合約。」

當對方的反應不如預期時，不免懷疑是不是對方沒聽懂，或是對方沒聽進去，有時便會不知所措。我也曾經有過這種經驗，所以十分清楚。

但是對方真的沒有聽懂，或是真的沒有聽進去嗎？

說不定客戶是第一次踏入這類型的店家，所以非常緊張，再加上個性怕生的關係。所以請你先冷靜下來，沒必要焦急。

然後，**細心觀察對方的「調性」或「速度」，再配合對方來「提問」看看**。

面對聲音很小的人，你也試著小聲說話；如果對他們大聲說話，對方說話的聲音會變得更小聲。

面對說話速度慢的人，你也要試著放慢速度。因為在他們眼中看來，講話快的人看起來一點都不沉著。

面對說話很快的人，就要用很快的速度說話。因為他們對於說話慢吞吞的人，會感到焦躁不安。

如果說話的調性與速度相合，有時就能讓對方莫名覺得與你談得來。像這樣配合對方的調性與速度，便稱作「配速」。

此外，當對方反應或動作大的時候，自己也要放大反應及動作；相反地，對方反應或動作小，也要予以配合，這便稱作「鏡像效應」。以反應或動作大的人的角度來看，容易覺得反應或動作小的人不識趣，但在反應或動作小的人眼中看來，則會認為反應或動作大的人愛誇大又強勢。

客戶反應冷淡，表示他沉著穩重，並非「不感興趣」或是「沒有在聽」。很多時候，都是因為自己沒有配合對方的速度及個性，才會覺得難以交談罷了。

透過工作打開自己的夢想扉頁

「助你實現夢想的諮詢問卷」只是很單純的工具而已。

主角還是在「人」。這項工具只是為了讓客戶願意傾聽你在說些什麼。

因此，**關鍵是使客戶對你抱持安心、信賴和期待的感受**。

無論諮詢問卷內容如何完善，只要客戶不願意聽你說話，這份問卷便毫無用武之地。

所以最重要的，就是你這個人「怎麼做」，這方面則取決於遠景與抱負。

所謂的遠景，就是想像自己未來的模樣，比方說：

「未來我想變成這樣。」

「我想成為這種人。」

「我下定決心要這麼做。」

而抱負則是一種想法，譬如：

「想藉由工作幫助這個人達成什麼事情。」

談論遠景與抱負能夠讓客戶產生共鳴，他們心裡就會認為：「原來這個人是用這種心態在工作，既然如此，我要好好支持他！」

在第二章介紹「四步驟經驗談」時曾提及，你的遠景及決心若能引發客戶的共鳴，就會產生「口耳相傳」的神奇效果。這是因為客戶認同你的遠景及抱負，想要支持你的關係。

客戶願意支持你，最簡單的作法就是為你宣傳，而前提是你必須讓人安心和信賴。懷抱遠景及抱負的人能夠讓人信賴，因此客戶才敢隨口介紹給朋友。

談論抱負與遠景也能帶動業績？

有位沙龍店的老闆，在導入「助你實現夢想的諮詢問卷」後，經過一段時間來電與我聯絡。

「客戶的簽約率、回客率、客單價都提升了不少，但是願意介紹給他人的情形和過去一樣少，沒什麼改變。我覺得在接待客戶的過程中都很順利，彼此之間的氛圍也都維持得不錯，究竟原因出在哪裡呢？可以請您和我的員工聊一聊嗎？」

我馬上與這家店的員工們碰面，聽他們說明情況。

我當面詢問他們，導入諮詢問卷後是否發現什麼優點？哪方面進行得很順利，而哪方面不順利？

他們認為「不順利」的部分，就是客戶不太會介紹其他人來店。後來發現，原因出在分享經驗談時，自己無法向客戶描述「抱負與遠景」。

「原來如此！你們真厲害，居然能找出原因。真開心你們完全理解研修內容了！」稱讚完後，我試著問他們無法向客戶描述的原因。

「因為覺得很不好意思……。我的成績還沒有那麼理想，所以覺得自己沒資格談論『抱負與遠景』之類的事情。一想到要是說出口後做不到的話，不知該如何是好，所以才會一直不敢談論。」

我點頭如搗蒜，這種心情我十分明白，因為我曾經也是如此——我就是消極、否定和悲觀的代言人，總認為自己「很差勁、做不到，最後總會功虧一簣」。

我回想自己當初談論夢想時，晚上還會夢見自己無法實現、很沒面子的場景。

俗話說：「有夢就會去實現，談論夢想，人生就會改變。」我想改變過去總在後悔的人生，所以決定拋開一切，先做再說。

話雖如此，夢想和遠景並非隨手可得。起初，**我將其他人的夢想與遠景感到認同之處，稍加變化成符合自己的語言，並開始試著表達。**

結果，我發現客戶的表情逐漸轉變了，他們的雙眼開始「閃閃發亮」。看到他們的反應，我覺得十分開心、繼續侃侃而談，久而久之，便成為自己真心想要達成的「抱負與遠景」了。

「盤點自己的人生」來找到夢想

大家雖然明白創業者或經營者設定遠景與抱負的必要性，但是可能也會懷疑：「區區一名員工，難道也需要立定遠景及抱負嗎？」

然而，站在客戶的立場來看，你就是公司的代表和顏面。最終將視你的作為，決定買或不買。

正因如此，即便是個人的想法也無所謂，請務必談及你的遠景及抱負。

當今這個年代，客戶希望透過信賴的人，代為挑選商品或服務的傾向，愈來愈強烈了，我認為沒有遠景或抱負的人，無論身為經營者或員工，都無法生存下去。

或許還能掙得一口飯吃，但是缺乏遠景或抱負的人，面對不想做的工作會感到無趣，卻為了薪水繼續待著，結果只會變得很不快樂，不是嗎？

經常有人問我：「就算要談論遠景或抱負，但是我從來沒想過這個問題，感覺好像很困難……」

依照這種狀況看來，空口談論自己的未來，的確很難理出結論。

因此，我建議大家可以盤點自己一路走來的人生。

年幼時期的自己是什麼模樣，小學時期做過哪些事，學生時代又是如何度過，喜歡什麼或對什麼感興趣，何時會受人讚揚，什麼事讓你難過或氣憤……。

回顧自己過去的人生，就能在這條延長線上看見未來。

藉由盤點過去的作為，肯定能找到「夢想」及「使命」這類「你想完成的事情」！

從日常生活中尋找「雀躍之心」

所謂的「感動力」，就是感動的力量，正是善用諮詢問卷最重要的一股力量。

依據三菱綜合研究所等單位，於二〇〇三年實施的調查結果顯示，當被問到「這一個月內，你曾感動超過一次以上嗎？」年齡在十至二十多歲者回答「是」的比例，大約有五〇%，而五十至六十多歲的人，回答「是」的比例則下降至三〇%左右。

因為隨著年紀增長，人們對於很多事情都會覺得理所當然，漸漸不再感動。

一旦喪失感動力，不管要談論自己的感動經驗，或是感受客戶的感動，都會遇到困難。這樣一來，也無法好好活用諮詢問卷。

因此，必須訓練自己從日常的芝麻小事中，尋找「雀躍之心」，而且凡事皆可。

「今天天氣真好！太開心了！」

「這裡居然有蒲公英！太棒了！」

「咦？那朵雲的形狀好有趣喔！」

令人感到十分開心的事，的確很少發生，但是只要打開天線，像這種小小的喜悅隨手可得。

如果能像這樣尋找每天的小確幸，一定也能馬上發現客戶不顯著的雀躍之心。

活用諮詢問卷的「基礎概念」

到目前為止，已為大家說明如何靈活運用「助你實現夢想的諮詢問卷」。

第一步是學會談論遠景及抱負。想要懷抱遠景與抱負，我建議大家盤點自己的人生。

還告訴大家要豎起「尋找小確幸的天線」，讓自己說得出自己的感動，也能感受客戶的感動。

上述每一點，我覺得都非常重要。

究竟這份問卷具備哪些優點，讓人願意達成上述條件，進而好好活用呢？在此想請大家重新複習一下。

這一張問卷裡，落實了如何成功銷售商品和服務的手法。也就是說，將你談生意的基礎概念加以架構化，轉變成文字。

在眾多客戶當中，難免會出現「因為沒時間，所以想快點聽提案」的客戶，反過來說，也存在著「希望你先仔細聆聽煩惱」的客戶。

所以，必須隨機應變，面對沒時間的人要省略局部諮詢，對待希望你耐心聆聽的人，則要針對每一題的提問項目，仔細花時間諮詢。

雖說如此，倘若沒有一套基本的模式，根本難以隨機應變，只會變得毫無章法可言。

正因為有基礎概念，才得以應用。所以諮詢問卷裡會提供基本架構，以供隨機應變時應用。

應用篇

將業務知識與天分化為「技能」

你是否遇過這種狀況：為了提升業績，透過學習吸收到知識後，卻成效不彰。身為店長或經理雖然懂得業務技巧，但不知道如何教導員工。

愈是擅長銷售業務的人，愈不懂得如何傳授給別人。有時候是因為他們天生具有優異天分（感覺）的關係，因此教導後進時，往往只會說：「先看我怎麼談生意，然後再抓住那種感覺。」

可是，向賣不出商品的人說要抓住「感覺」，對方仍舊摸不著頭緒。

因此，有必要將業務知識與天分轉變成「技能」。這時需要達成兩件事：**第一，是使用諮詢問卷行銷。第二，則是分析業務流程。**

圖七　諮詢概況表

	客戶姓名	出生年月日／年齡	職業	得知本店的途徑	來店時間	下次預約
No.1	佐藤　光　♦♥♠♣	1990.1.25／26 歲	銀行、行政	廣告、雜誌、介紹人（鈴木七央）、其他	16・5・20 14：00	16・6・18 14：00

諮詢銷售分析	提案內容	結果	檢查四大步驟	表現優異的部分	表現不佳的部分	銷售課題／具體的行動
			區塊① ★★★ 區塊② ★★☆ 區塊③ ★☆☆ 區塊④ ☆☆☆	區塊① 自我介紹當中的遠景部分非常能夠取得共鳴，接下來的談話令人意猶未盡。	區塊③ 缺少能激發客戶具體想像的部分。 尚未激發出客戶的想像，便進展到區塊④的展開步驟了。	透過感謝信傳達遠景、想法，讓客戶成為自己的粉絲。 事先備妥各種類型的客戶案例（經驗談）。因此要實施問卷。
	提案金額 ￥160,000-	銷售金額 ￥90,000-				

客戶分析	未來的夢想・理想	發現的問題・課題	解決對策、下次提案事項	具體行動・準備
		根據記錄的資訊，以條列式的方式，將問題・課題列出來，以協助客戶實現未來的理想	針對問題・課題思考三項可向客戶提出的提案	為使下次提案順利進行的必要行動（由誰、何時、怎麼做）

	客戶姓名	出生年月日／年齡	職業	得知本店的途徑	來店時間	下次預約
No.2	♦♥♠♣			廣告、雜誌、介紹人（　　　）、其他	・　・ ：	・　・ ：

諮詢銷售分析	提案內容	結果	檢查 4 大步驟	表現優異的部分	表現不佳的部分	銷售課題／具體的行動
			區塊① ☆☆☆ 區塊② ☆☆☆ 區塊③ ☆☆☆ 區塊④ ☆☆☆			
	提案金額	銷售金額				

賣出商品就是喜事，賣不出去就該難過，事實上並非如此。因為「商品賣出」而感到開心，但那不過是一時的成果罷了。必須將知識及天分轉變成技能，不斷地成功推銷商品，並在教導其他人時，分析「為什麼商品賣得出去」。

進而加以思索「執行面」的問題，例如：「哪方面進行得很順利？」「哪部分的進展有問題？」「今後的課題是什麼？」「具體而言，該如何進行？」

客觀分析業務流程時，假使能將成功銷售的模式架構化，並用文字呈現在問卷上，結果又會如何呢？

若能如圖七所示，以一個月為單位，彙整出諮詢概況後，便容易找出業務的傾向及課題。還不熟悉作法時可能較為棘手，但是想要確切地培養實力，就只能依賴這種方法。

而且想讓其他人觀察實際談生意的情形，再順便傳授技巧時，若有諮詢問卷與諮詢概況表的話，將能更快深入理解。而且愈是理解談生意的方法，愈能同時學會解決問題的技能。

我將這份重新檢討的諮詢問卷視為「珍寶」，因為在薄薄的一張問卷裡，除了彙集各店及各公司談生意的技巧，而且，甚至只要有這份問卷，還能不花一毛錢輕鬆培育人才。

諮詢問卷失效時的魔法

雖然我推崇「助你實現夢想的諮詢問卷」，甚至稱為寶物，但有時運用了這份問卷後，仍舊無法成功銷售。

像這種時候，問題幾乎都是出在態度上。

當你使用問卷仍無法成功銷售時，請檢討是否有做到下述要求，讓自己回歸初衷，用心思索看看。如此一來，肯定能再次成功銷售。

客戶 愛上客戶、寫「情書」給客戶

空間 用心打掃、客戶看不見的地方也要整理乾淨

自己 珍視「好開心！好喜歡！好快樂！」的心情、感謝現有的事物

為什麼要「愛上客戶」？

商品「賣不出去」並不等於「客戶討厭你」。雖然銷售失敗，但不代表你被人討厭，所以沒必要沮喪。

不過，**商品「一直賣得出去」就等於「客戶喜歡你」**。因為無論多優質的商品或服務，客戶都不會想從「討厭的人」手上回購第二次。

為了能持續銷售出去，必須讓客戶喜歡你。究竟該怎麼做，才能達成這點呢？心理學有一套理論，「當你能夠喜歡上對方，對方也會喜歡你」（好意的回報性）。所以切記要先讓自己愛上客戶。

愛上客戶，也就會對他感興趣，自然會想問對方問題。

愛上客戶，就會想和他一同找出課題或問題，並深入提問。

愛上客戶，聽完他想要實現的夢想和目標，心中就會雀躍不已。

愛上客戶，就能提出最適合他的提案。

倘若你無法愛上客戶，即使運用這份問卷提問，也只會變成單純的銷售技巧，無法撼動客戶的心。

當你有愛上客戶的心態，再加上問卷的推波助瀾，就能打動客戶的心。

所以請你先愛上客戶，然後試著將「愛護客戶」的心情表現出來吧！

寫「情書」給客戶

無論你有多愛客戶，沒有表達出來，對方就不會知道。

一邊看著諮詢問卷，一邊思考客戶的事，然後用「寫情書給最喜歡的人」的心情，寫信給客戶吧！

以下分享的案例，發生在本公司第三家新店開張、我被委派為總店長時。這家店的規模十分龐大，七層樓全部皆為公司持有。開幕活動非常成功，客戶人數一口氣爆增，發展十分順利。

然而，後來從某陣子開始，業績突然不再攀升。想得到的方法都用上了，但是業績完全沒有回復的跡象。必須達成業績目標的壓力逼得我喘不過氣，每當我一個人待在洗手間時，就會忍不住眼淚潰堤。員工回家後，我一個人統計業績時，也會止不住眼淚。後來更發現，除了業績往下掉，我的體重也下降了不少。

在精神面和生理面都走投無路的狀態下，我們將寫「情書」給客戶，視為最後一線生機，努力地去執行，只不過情書內容完全無關產品的宣傳或介紹。我們重新翻閱每一位客戶的「諮詢問卷」，一邊真誠地在信中寫下感謝的心情，以及支持這位客戶實現夢想與目標的隻字片語。

之後，在我們員工身上首先出現了變化。過去我們總忙於完成每天的工作、實現目標和精通業務技巧，但後來轉換方向，變成朝著「夢想和目標」發光發熱。

沒想到除了收到信的客戶來店光顧，不知為何，就連新客戶也一口氣大增，使業績回升了。

感覺消沉的氛圍與停滯的氣場，突然動了起來。被業績追趕，會讓人潰不成軍。

誠心支持周遭某個人的「夢想和目標」，業績就會隨之上揚。

請大家真心關懷每一位客戶，寫封情書給對方吧！

用心打掃每個角落

商品賣不賣得出去，空間是非常重要的因素之一。

沒有徹底打掃每個角落，或是整理得不完善的空間，不管會不會留意到，都令人感覺不舒服。

待在感覺不舒服的地方，人便不會打開心房。而且心情也沒來由地無法平靜，於是只想快點回家，或者沒有特別原因，就是無法在今天決定購買，甚至下次也不會再光顧。

即使一家店看來時尚又整潔，但在廁所的一角積著灰塵，自來水的水龍頭還滿布水垢的話，總會叫人皺起眉頭。

還有當桌子與椅子靠背未保持平行，甚至沒有對齊同一個方向的話，不免讓人感覺奇怪吧。

請徹底打掃並整頓環境，好好迎接客戶！

此外，打掃時也不能抱持「嫌麻煩」或是「和男朋友吵架，所以滿肚子怒氣」這種負面情緒。負面能量會傳染到室內各處，更會傳遞到客戶身上。

如果乍看之下很乾淨，環境也整理得十分完善，卻令客戶感覺不舒服，很有可能就是源自於情緒。

打掃時，要一邊想著「好開心！好喜歡！好快樂！」然後向桌椅說聲「謝謝」，感激它們的付出。這樣一來，很多事情將會不可置信地順利進展。

或許大家會懷疑「這麼做就行了嗎？」任誰都能輕鬆完成這份工作，就當作被騙一回，不妨試試看吧！

當然我也會這麼做。我一定會讓前來辦公室的客戶，感受到「這是一個舒適宜人的空間」，甚至還有許多人問我：「是不是有什麼特別的布置？」其實我只是誠心誠意地打掃與整理而已。

需要整理乾淨的地方，除了客戶看得見的部分，還包括非店面的空間，以及自己家裡。

大家可能會質疑「為什麼連這些地方都要整理乾淨？」非店面的空間及自己家裡，都是你時常待著的場所。切記要讓這些地方保持清潔，這些舒適空間能使你保持雀躍期待的心情。

每天生活的場所，都應該讓它充滿靈力。

無法凡事如自己所願地順利進行，也不會事事充滿喜悅。當然有時也會發生不順心、不順利，以及難受悲傷的事。

但是無論在什麼時刻，都要請客戶描繪夢想、懷抱希望，並對你充滿信任，進而下定決心，絕對不能老是心情沮喪。

而且沒必要特地前往知名靈地，你的職場或家裡就是個人的靈地。如果能在平時生活的地方充飽能量，你的夢想和客戶的夢想肯定都能一一實現。

我自己已經實際驗證過這種魔法，大家不妨好好期待其效果吧！

珍視「好開心！好喜歡！好快樂！」的心情

《論語》中提到：「知之者不如好之者，好之者不如樂之者。」

意思是：知道某件事的人，比不上喜歡這件事的人。喜歡某件事的人，比不上樂在其中的人。

如果想「樂在其中」，應該怎麼做才好呢？

大家聽說過「一：一．六：[2]一．六法則」嗎？

不管做什麼事情，抱持「充滿幹勁」的心情或「敷衍了事」的態度，將使結果天差地別。

假使在他人要求下、不甘願地去做一件事，所使出的力量為一分，那麼，滿心認同並理解，能使出的力量則為一・六分。此外，無需他人提醒、自己主動計畫並執行的力量，則會達到2一・六（二・五六）分。

樂在其中地做某件事，或者懷抱不平、冷淡地執行，完全取決於自己能否主動積極地參與其中。別等著其他人帶給你快樂，要自己去製造快樂。

還有，想讓自己擁有「好開心！好喜歡！好快樂！」的心情，就要施展魔法，事實上，這個魔法也非常簡單。

只要開口說：「好開心！好喜歡！好快樂！」就行了，就是這麼簡單。

這三個字的日文，最後一個母音皆為「i」（Ureshii／Daisuki／Tanosii），發音類似英文的「e」，這個嘴型能鍛練微笑時，必定會運用到的笑肌。

自己開口說出來，就能讓自己聽得見。單單這麼做，就能出現神奇的效果。

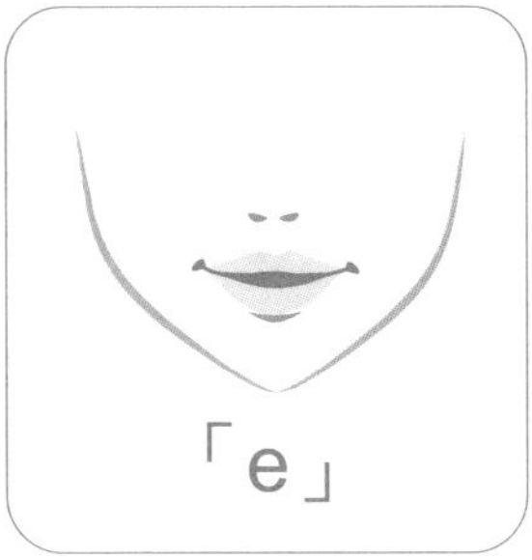

我剛開始從事業務時，有人告訴我這句話：「不是因為快樂才笑容滿面，而是因為笑容滿面才感覺快樂。」話雖如此，但是我平時並不會刻意擺出笑臉，因此笑肌也衰退得差不多了。我還記得，一開始要面帶笑容時，真的困難重重。

只要每天持續施展「好開心！好喜歡！好快樂！」的魔法，就能確實鍛練笑肌，自然可以笑容滿面。**當你笑容滿面，快樂就會隨之而來。**

請大家事不宜遲，就從今天開始做起吧！

當你首次接待客戶或是進行重要簡報，因心情緊張導致表情僵硬、一臉嚴肅時，這個魔法也能發揮絕大功效。

感謝現有的事物

「感謝」的魔法如下：

- 對於突發小事或日常瑣事，都要經常心存「感謝」。
- 無論發生什麼事情，都要心存「感謝」。
- 常常穿的衣服、鞋子、眼鏡、房間，都要「隨時感謝」它們的付出。

「謝謝」這句話存在著不可思議的力量，我想應該很多人都知道。以下這項知名的實驗可以驗證，究竟這句話具有什麼效果。

將自來水倒入兩個杯子當中，其中一個杯子貼上寫著「謝謝」的貼紙，另一個杯子則什麼都沒貼，然後擺放一天。接著分別將這兩杯水結凍，再拍攝冰塊的結晶照片進行觀察，結果發生了神奇的事情。

一般自來水都含有雜質，所以結晶形狀不一。然而，貼上「謝謝」貼紙的冰塊結晶，卻呈現美麗的六角形，沒想到只是一個小動作，卻產生這樣的變化。

雖然沒有任何科學根據，但光靠實驗結果即可得知，「謝謝」這句話會對物質產生正面功效。

如果能對於自己的過去與現在，還有目前擁有的一切充滿「感謝」，肯定可以充實滿足地度過每一天。

話雖如此，認為這套理論華而不實的人，我也明白他們心裡是怎麼想的。

在我十多歲至二十五歲時，對自己毫無自信，曾經否定過所有的事情。我家境貧困，自己凡事都無法持之以恆；思慮過甚，不敢表明自己的立場；對於外貌和學歷充滿自卑感，凡事都覺得自己做不到。

而且內心滿是懊悔、充滿悲傷。但在絕望之中終於找到希望，才得以不屈不撓地生存下去。

許多人只認識現在的我，他們常說：「真不敢相信你過去曾經那樣！」「我一直以為你沒什麼難過的事，也沒有煩惱。」

老實說，直到現在我還是會懷疑「自己似乎沒有存在的價值」，有時也會心情沮喪。

與周遭的人相較之下，由於懷抱著超乎常人的理想，因此老是自尋煩惱。我也很清楚，會出現自我否定的想法，有時也是因為自己太傲慢的關係。

不過，在平凡無奇、辛勞工作的每一天，還是會有幸福降臨。那便是受到許多人「愛護」，而再多感謝也不足以為報。

而且我也知道，面對未來的希望，會從絕望中萌芽。

正因如此，所以我才敢說，任何人都有他存在的價值。

只要活著就有價值。

就算你認為自己毫無存在的價值，也要認真看待細枝末節的事情，然後試著面帶笑容、向周遭某個人說聲「謝謝」。

睡前向分隔兩地的父母說聲「謝謝」；向未曾謀面的祖先們說聲「謝謝」；試

著向與你有過交集的人們，說聲「謝謝」。

有好幾次當我身處孤獨與絕望時，只因為說了句「謝謝」，就讓自己感覺獲得救贖。

無論何時，你都不是孤單一人，都有存在的價值。

你是「世界上獨一無二的特別個體」，這是無庸置疑的事實。

試著感謝現有的一切，施展「謝謝」二字的魔法吧！

你一定會因此充滿「希望」。

結語
永不放棄，就能實現夢想

如果你身處的業界，需要和客戶談生意的話，我確信本書介紹的方法能夠應用於所有行業當中。因為無論是個人或法人，如今想要靠一己之力挑選商品和服務，都可說是相當困難。

所以，「諮詢銷售」才會成為最有效的業務技巧。

依據二〇一〇年的統計資料顯示，服務業在日本ＧＤＰ與雇用比例占了七成左右，據說今後仍會繼續增加。

或許其中擔任行政工作的人也很多，但是就算不把大部分的上班族歸類為業務人員，也能肯定他們都是透過某些模式，從事接待客戶的工作。

製造業裡也存在許多業務人員，此外，也常聽說很多人會從技術職轉換跑道，投入到業務工作。

不論是否精通業務工作，許多人認為，在這個年代必須「與客戶面對面」才做得成生意。

在這樣的時空背景下，不擅長接待客戶的人也得硬著頭皮面對客戶，不少人甚至因此心靈受創。

對於這些人，我由衷期盼本書能夠對他們有所助益。

善用「助你實現夢想的諮詢問卷」，就能實現客戶的夢想。

接下來，也能進而實現你個人的夢想。

希望藉由這份問卷，讓更多人實現夢想。

也多虧這份問卷，我自己的夢想大半都實現了。

第一次被委派擔任店長的前幾天，我參加了一位美容大師的出版紀念演講會。

我個人十分景仰她，與這位大師接觸後，讓我心生「未來也想出書，到世界各地演講」的念頭。

這次出版本書，終於能夠一圓出書的夢想了。當時的想法很單純，我真的一點自信也沒有。不過，一旦堅持下去，居然就如此真切地實現夢想了。而我的另一個夢想——在世界各地演講，相信最終一定也能實現。

而你也是一樣，只要永不放棄，然後朝著目標一步步向前行動，實現夢想的那天一定會到來。

和未輔導股份有限公司董事長 小林未千

二〇一六年四月

職場通 職場通系列038

一張問卷讓新客變熟客

用改良式「諮詢問卷」，讓回客率達到85%、業績爆增10倍的驚人效果

1枚のアンケート用紙で「新規顧客」が「100回顧客」に変わる!

作　　者　小林未千
譯　　者　蔡麗蓉
總 編 輯　何玉美
責任編輯　曾曉玲
封面設計　萬勝安
內文排版　Copy

出版發行　采實出版集團
行銷企劃　黃文慧・陳詩婷・陳苑如
業務發行　林詩富・張世明・何學文・吳淑華・林坤蓉
會計行政　王雅蕙・李韶婉
法律顧問　第一國際法律事務所　余淑杏律師
電子信箱　acme@acmebook.com.tw
采實官網　http://www. acmebook.com.tw
采實粉絲團　http://www.facebook.com/acmebook

ＩＳＢＮ　978-986-95018-9-7
定　　價　300元
初版一刷　2017年09月
劃撥帳號　50148859
劃撥戶名　采實文化事業股份有限公司
104台北市中山區建國北路二段92號9樓
電話：(02)2518-5198
傳真：(02)2518-2098

國家圖書館出版品預行編目資料

一張問卷讓新客變熟客 / 小林未千作 ; 蔡麗蓉譯 .
– 初版 . -- 臺北市 : 核果文化 , 2017.09　面 ;　公分
譯自 : 1 枚のアンケート用紙で「新規顧客」が「100 回顧客」に変わる !
ISBN 978-986-95018-9-7(平裝)

1. 商店管理 2. 銷售 3. 顧客關係管理

498　106012848

1 MAI NO ENQUETE YOUSHI DE "SHINKIKOKYAKU" GA "100 KAI KOKYAKU" NI KAWARU!

Originally published in Japan in 2016 by KANKI PUBLISHING INC.
Chinese translation rights arranged through TOHAN CORPORATION, TOKYO. and KEIO Cultural Enterprise Co., Ltd.

采實出版集團
ACME PUBLISHING GROUP